U0191058

路由交换技术

主 编 方 园 董东野 孙秀娟 孙洪迪

重庆大学出版社

内容提要

本书依托企业真实项目案例,按照工程项目准备、交换部署、路由部署、出口区域部署等环节构建典型的中小型局域网络,再配以综合训练项目进行实操和提高,内容涉及网络系统基础操作、二层设备部署、静态和动态路由部署、网络安全与可靠性部署等。可以帮助读者了解计算机网络的体系架构,掌握相关网络产品的配置技术,并构建相对完整的基于网络通信层面的知识体系,培养网络搭建和运维能力,为从事网络工程师、运维工程师、网络管理员等工作提供必备的专业知识和专业技能。

本书可作为高职院校计算机网络技术、计算机应用技术和计算机通信等专业的专业课教材,也可作为相关技术人员的培训教材和自学参考书。

图书在版编目(CIP)数据

路由交换技术 / 方园等主编. -- 重庆:重庆大学出版社,2024.1(2025.1重印)

ISBN 978-7-5689-4245-4

Ⅰ.①路… Ⅱ.①方… Ⅲ.①计算机网络—路由选择②计算机网络—信息交换机 Ⅳ.①TN915.05

中国国家版本馆 CIP 数据核字(2023)第 239498 号

路由交换技术

主 编 方 园 董东野 孙秀娟 孙洪迪
责任编辑:苟荟羽 版式设计:苟荟羽
责任校对:刘志刚 责任印制:张 策

*

重庆大学出版社出版发行
出版人:陈晓阳
社址:重庆市沙坪坝区大学城西路 21 号
邮编:401331
电话:(023)88617190 88617185(中小学)
传真:(023)88617186 88617166
网址:http://www.cqup.com.cn
邮箱:fxk@cqup.com.cn(营销中心)
全国新华书店经销
重庆市国丰印务有限责任公司印刷

*

开本:787mm×1092mm 1/16 印张:10 字数:221 千
2024 年 1 月第 1 版 2025 年 1 月第 2 次印刷
ISBN 978-7-5689-4245-4 定价:49.00 元

本书如有印刷、装订等质量问题,本社负责调换

版权所有,请勿擅自翻印和用本书
制作各类出版物及配套用书,违者必究

前言
Foreword

本书旨在使读者进一步了解计算机网络的体系架构,掌握相关网络产品的配置技术,具备一定的网络搭建和运维能力,并构建出相对完整的基于网络通信层面的知识体系,为从事网络工程师、运维工程师、网络管理员等工作提供必备的专业知识和专业技能,同时在学习过程中培养道德品质、职业素质和工匠精神。

本书主要内容包括网络系统基础操作、二层设备部署、静态和动态路由部署、网络安全与可靠性部署等,面向 IT 技术服务企业、互联网企业、向数字化转型的传统型企事业单位等的网络系统建设与运维和技术支持部门,对从事网络系统硬件安装部署、基础运维、网络系统搭建、部署、运维和优化等工作有帮助和指导作用。

本书通过介绍目前主流的路由交换技术和流程规范,帮助读者理解并掌握标准通用的网络结构,聚焦网络架构中典型的应用领域。路由技术和交换技术的核心原理分别是OSI 模型的网络层和数据链路层,在未来就业岗位中,也是需要重点掌握的知识和技能,应当充分理解其内在原理,理解典型的应用模型,通过学习路由技术和交换技术,可以实现一个典型的网络架构。

在实践方面,路由交换系列课程需要大量的动手实践环节来提升和积累操作能力。为了方便读者,本书选择最方便获取和进行实践的仿真软件来模拟现实中的路由交换,例如华为公司开发的仿真软件 eNSP(该软件可以模拟所有基础网络交换和路由设备,无须采购昂贵的试验设备,即可进行路由交换动手实践)。

本书主编为方园、董东野、孙秀娟、孙洪迪。面向广大有志于掌握网络技术,即将踏上职业生涯的同学,希望用我们历年的实践与教学经验,帮助大家打开通往 IT 职业生涯的大门。同时由于 IT 行业是一个发展日新月异的行业,加上编者水平有限,书中难免存在错误和不足之处,恳请广大读者批评指正。

编　者

2023 年 8 月

目录
Contents

背景说明

参考中小企业网络建设实际情况,设计一个典型的工程案例。按照工程项目准备、交换部署、路由部署、安全部署、出口区域部署等环节,完成一个典型的中小型局域网络建设任务。任务要求如下:

A 公司新租了一层办公楼,为了满足日常的办公需求,公司决定为财务部、项目管理部和服务器群建立互联互通的有线网络,并搭建自己的 DNS 服务器和 DHCP 服务器。公司已经申请了一条互联网专线,并配有一个公网 IP,希望所有员工都能访问互联网。所有设备均配置了互联网,允许网络管理员进行远程管理。

网络拓扑如下所示:

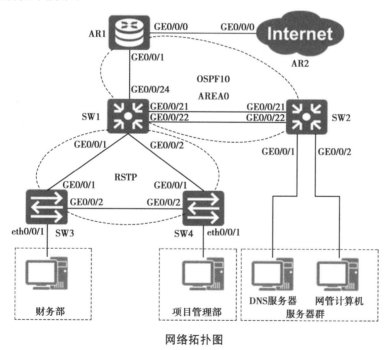

网络拓扑图

项目需求分析:

从网络设计中可以看到,服务器群交换机通过两条链路连接到核心交换机,两条链路可以配置端口聚合,防止单链路出现故障。财务部和项目管理部处于同一区域,部门接入交换机通过一条链路连接到核心交换机,为防止单链路故障,可以在财务部交换机和项目管理部交换机上增加一条链路互联,当上行链路出现故障时,可以通过另一部门的接入交换机到达核心交换机。采用这种方式连接时,三台交换机会形成环路,可以采用生成树解决该问题。

注:本例中在接入交换机之间增加链路,是为了方便演示生成树的作用。

为方便员工获取 DNS 服务器 IP 地址,采用 DHCP 方式为局域网自动分配 IP 及 DNS 地址。核心交换机、服务器群交换机和出口路由器均采用三层互联,可以配置动态路由协议自动学习路由,实现全网互联互通。

公司有一个公网 IP,各部门所有员工都有访问互联网的需求,可以在出口路由器上配置网络地址转换。

为方便网络管理员对设备进行远程管理,需要启用所有设备的 SSH 服务。

综上,本项目实施具体工作任务如下:

①根据网络拓扑需求分析,对本项目做详细规划设计。

②根据网络规划设计和项目进度计划要求,做好项目实施准备工作。

③根据规划完成设备的各项配置任务和调试工作。

④验证试运行是否达到预期效果。

⑤提交项目文档,进行项目验收测试。

工作环节1
开工准备

1.1 工作要求

　　作为一个已掌握计算机网络基础知识的实施工程师,在现场已完成综合布线和设备安装之后,须在本工作环节根据合同要求和设计方案到现场进行网络设备配置与调试。

　　在前往现场之前,实施工程师应按照项目经理的安排,提前了解项目情况,熟悉项目内容和技术要求,做好准备工作。对项目的网络拓扑结构、IP 地址规划、业务需求、设备型号等做到心中有数。

1.2 学习目标

　　①能够根据网络规划设计,确认设备基本参数如端口数量等是否满足要求。
　　②能够根据网络拓扑图、设备连接表等确认网络设备的安装和连接是否正确。
　　③能够根据 IP 地址规划表、VLAN 规划表等完成设备基础配置。
　　④能够根据网络设备品牌和型号,准确下载相关技术手册。
　　⑤能够完成开工准备的其他各项要求。

1.3 工作准备

　　①联系公司商务部门,获得项目合同、设备采购清单等文件资料。
　　②联系项目经理,获得设计方案、开工申请单、实施计划等文件资料。

1.4 工作实施

　　(1)核对设备清单和型号
　　①核对商务人员从供货商那里采购的设备数量及型号与合同和技术方案是否一致,是否满足技术要求。那么核对数量的时候,是否应重点关注配件数量?例如业务板、光模块、跳线等。

答案:是的。例如交换机光模块数量,需要根据拓扑图和链路冗余等情况来确定;网络跳线、光纤跳线的数量也是如此。购买模块化设备时,也容易出现业务板选型错误等问题。新手也往往会在预算中遗漏光模块等配件的问题。

②接入交换机端口数量通常有哪几种? 如果某部门有 14 台计算机,你推荐买一台多少端口的交换机?

答案:建议购买端口数量为 24 的交换机。

③仔细观察如图 1-1 所示的交换机,在中小局域网中,该交换机通常会被用作核心交换机还是接入交换机? 有( )个业务板,有( )个主控板,有( )个电源,为什么要有多个电源?

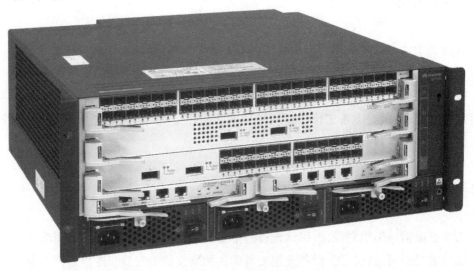

图 1-1 交换机外观图

答案:通常用于核心交换机。3,2,3。电机冗余,增加了可靠性。

④根据设备型号以及软件版本号,从设备厂商的官方网站或其他渠道获取技术手册。

华为交换机产品介绍的网站链接为＿＿＿＿＿＿＿＿＿＿＿＿＿＿＿＿＿＿＿＿

华为路由器产品介绍的网站链接为＿＿＿＿＿＿＿＿＿＿＿＿＿＿＿＿＿＿＿＿

新华三交换机产品介绍的网站链接为＿＿＿＿＿＿＿＿＿＿＿＿＿＿＿＿＿＿

新华三路由器产品介绍的网站链接为＿＿＿＿＿＿＿＿＿＿＿＿＿＿＿＿＿＿

锐捷交换机产品介绍的网站链接为＿＿＿＿＿＿＿＿＿＿＿＿＿＿＿＿＿＿＿＿

锐捷路由器产品介绍的网站链接为＿＿＿＿＿＿＿＿＿＿＿＿＿＿＿＿＿＿＿＿

在企业的官方网站上尝试找到"华为 S5700 交换机"的产品技术文档。

(2)熟悉项目的技术方案

1)熟悉本项目的网络拓扑图

网络拓扑图中,方形的一般是□交换机 □路由器;圆形的一般是□交换机 □路由器;粗线代表的带宽一般比细线代表的□高 □低。

2)熟悉本项目的 IP 地址规划

局域网中主要使用私有 IP 地址。私有 IP 地址通常使用的网段包括 192.168.0.0/16、172.16.0.0/16、10.0.0.0/8。

对于大规模局域网,用户业务网段通常推荐使用的是 10.0.0.0/8 网段。

3)熟悉本项目的主要业务要求

网络建设的最终目的是满足单位的业务工作要求。不同的业务需要不同的网络带宽、安全等级、可靠性等。作为网络现场工程师,要在实践中不断积累经验和学习提高,最大限度地实现用户需求。

思考

按照三层网络结构核心层、汇聚层、接入层的划分,分别选择合适的网络设备。核心层、汇聚层、接入层各自的作用是什么?设备冗余主要是在哪一层?

答案:在核心层进行网络的高速交换,在汇聚层实现各种网络策略,在接入层保证用户终端安全稳定接入。设备冗余主要是在核心层,可靠性要求高的网络可以在核心层和汇聚层,接入层一般不做设备冗余。

按照网络不同区域划分,对网络出口区域、业务网络区域、服务器区域等,通过 VLAN 和 IP 网段等方式进行隔离,并配置不同的策略。

(3)制订计划,明确需要完成的任务和步骤

①根据设计方案,在 ENSP 等软件中搭建模拟环境,准备和验证配置脚本。

②完成设备初始化配置,如升级版本、配置设备名、统一设备的系统时间等。

③完成网络基础配置,如 VLAN、生成树、堆叠、接口 IP、远程管理等。

④设备安装上架后,完成内部网络的路由配置。

⑤完成网络出口区域配置、网络服务器区域配置。

⑥测试网络连通性,保证基础网络通信正常,网络服务正常。

⑦配置安全策略、访问控制、流量控制等。

⑧备份配置文件,网络系统试运行。

⑨提交配置文档、试运行报告等文件,协助完成验收报告、用户手册等文件。

1.5 相关知识点

1.5.1 知识点 1:TCP/IP 模型

传统的 OSI 参考模型为网络的定义和规范化提供了非常有益的指导,但是在具体实现的过程中,TCP/IP 这一简化模型被广泛采用,成为实际的标准。

TCP/IP 参考模型把 OSI 模型中的最高三层——表示层、会话层、应用层——合并为

新的应用层,从而把 OSI 的 7 层简化到了 5 层,如图 1-2 所示。有时也可以把数据链路层和物理层合并为网络接口层,从而称为 4 层的 TCP/IP 模型。

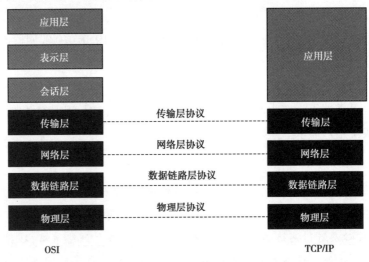

图 1-2　TCP/IP 模型

下面对 TCP/IP 模型各层作简单介绍。

(1)物理层

物理层的主要作用就是传输比特流,即用电信号表示 0 和 1。物理层的协议主要规定了:

- 介质类型、接口标准和信令类型。
- 物理的链路关于电气、工程、温控等方面的定义。
- 比特流速率和最大传输距离等。

例如:物理层规定传输信号可以使用光纤(FIBER)、双绞线、同轴电缆等,规定双绞线采用 RJ45 水晶头作为连接接头。

(2)数据链路层

数据链路层介于物理层和网络层之间,负责把物理层的比特流封装成帧,并管理数据帧在网络上的传输,同时也支持容错和速率匹配。数据链路层主要的设备为交换机。

(3)网络层

网络层数据是由数据链路层的数据帧加入网络层信息组成的。

网络层定义了终端设备的逻辑地址规范,逻辑地址用于在网络层唯一标识一台设备。比如 IPv4 地址规范,常见的家用计算机自动获取的地址为 192.168.1.1,就是一个典型的 C 类 IP 地址。网络层还提供了路由的定义,保证将数据报文从一个链路发到另一个链路。最为常见的设备是路由器。

(4)传输层

传输层的设计目的是屏蔽底层网络复杂的连接,为应用层提供端到端连通性保障。

比如建立终端到终端的连接,以传输数据流。TCP/IP 的传输层协议主要包括两种:

传输控制协议(TCP)和用户数据报协议(UDP),其中 TCP 协议是面向连接的,面向可靠的传输服务,而 UDP 协议提供无连接的问答式服务。比如我们浏览网页时,是采用了 TCP 协议而非 UDP 协议。

(5)应用层

应用层协议是最上层的协议,是直接面向用户,主要为用户提供应用程序接口,数据的加密、解密及表示规范等。应用层的常见协议包括 HTTP、FTP、TELNET、DNS 等。

1.5.2 知识点2:局域网中常见的服务介绍

(1)DHCP

动态主机配置协议(Dynamic Host Configuration Protocol,DHCP)通常被应用在局域网环境中,主要作用是集中管理、分配 IP 地址,使网络环境中的主机动态地获得 IP 地址、网关地址、DNS 服务器地址等信息,并提升地址的使用率。

DHCP 协议采用客户端/服务器模型,主机地址的动态分配任务由网络主机驱动。当DHCP 服务器接收到来自网络主机申请地址的信息时,才会向网络主机发送相关的地址配置等信息,以实现网络主机地址信息的动态配置。

(2)Telnet

Telnet 协议是远程登录服务的标准协议和主要方式。为用户提供了在本地计算机上控制远程主机工作的能力。在终端使用者的计算机上使用 Telnet 程序,用它连接到服务器,终端使用者可以在 Telnet 程序中输入命令,这些命令会在服务器上运行,就像直接在服务器的控制台上输入一样。Telnet 是常用的远程控制服务器和网络设备的方法。

(3)SSH

SSH 是 Secure Shell 的缩写,是专为远程登录会话和其他网络服务提供安全性的协议。利用 SSH 协议可以有效防止远程管理过程中的信息泄露问题。

传统的网络服务程序,如 FTP、POP 和 Telnet 在本质上都是不安全的,因为它们在网络上用明文传送口令和数据,别有用心的人非常容易就可以截获这些口令和数据。通过使用 SSH,可以把所有传输的数据进行加密,可以有效防御网络攻击和欺骗。SSH 既可以代替 Telnet,又可以为 FTP、POP,甚至为 PPP 提供一个安全的"通道"。

(4)NTP

网络时间协议(Network Time Protocol,NTP)是由 RFC 1305 定义的时间同步协议,用于在分布式时间服务器和客户端之间进行时间同步。NTP 基于 UDP 报文进行传输,使用的 UDP 端口号为 123。使用 NTP 的目的是对网络内所有具有时钟的设备进行时钟同步,使网络内所有设备的时钟保持一致,从而使设备能够提供基于统一时间的多种应用。对网络工程师来说,所有设备的时钟保持一致,对于后期运维管理和网络故障排错是非常重要的。

NTP 协议要求有准确的时间来源,可以从 Internet 上获取,也可以在局域网中配置 NTP 服务器。

1.5.3　知识点 3:IP 地址及子网划分

(1)IP 地址

IP 地址是网络管理工作的基础。IP 是互联网协议 Internet Protocol 的简写,在 TCP/ IP 模型的分层结构中属于网络层。

网络中的每个网络终端都会分配一个 IP 地址用于通信,目前局域网中使用的 IP 地址称为 IPv4,通过 32 位的地址结构提供了大约 43 亿个地址。截至 2012 年,顶级 IPv4 地址已经耗尽,2019 年 11 月,欧洲网络信息中心从可用池中进行最后的/22 IPv4 分配,全球约 43 亿个 IP 地址都已分配完毕,意味着没有更多的 IPv4 可以分配给互联网服务提供商和其他大型网络基础设施提供商。因此,拥有充足地址池的 IPv6 地址迅速发展应用。IPv6 地址长度为 128 位,可以提供 3.4×10^{38} 个地址,曾经有人形象地比喻,"IPv6 可以为地球上每一粒沙子分配 IP 地址",可见 IPv6 地址数量有多么庞大。但由于在一般的局域网中,IPv4 依然是实际应用场景的主流,因此本书提到的 IP 地址均指 IPv4 地址。

IP 地址是网络设备的唯一标识,由 32 个二进制数字组成,这些二进制数字又被分为 4 个 8 位二进制数段。

二进制表示法:11000000.10101000.00000000.00000001。

在实际工作中,需要转换为大家熟悉的十进制写法,如下:

点分十进制表示法:192.168.0.1。

整个 IP 地址的设计是网络地址和主机地址的结合体,其中前一部分是网络地址,后一部分则是主机地址。在进行 IP 地址规划和配置时,同一网络下的主机,网络地址相同,而主机地址不同。这种设计方便了 3 层网络设备的信息维护,例如,路由器这种连接多个不同网段的设备,就是用 IP 地址中的网络地址来识别不同网络。

IP 地址分为不同的类型,包括 A 类地址、B 类地址、C 类地址、D 类地址、E 类地址,分别适用于不同的网络规模。

如图 1-3 所示,网络地址位数越少,表示网络规模越大,网络中的主机就越多,反之,网络规模越小,主机就越少。例如,C 类地址可以容纳主机数量为 254 台,而 B 类地址则可容纳主机 65 534 台,属于大规模网络。A 类地址则多见于广域网和城域网。

通常情况下,C 类地址多见于个人局域网,例如家用的路由器,通常提供的 DHCP IP 为 C 类网段地址 192.168.0.X。对于大型企业,由于终端数量众多,通常采用 A 类或 B 类地址。

特殊的 IP 地址:

①广播地址:主机地址以二进制表示全部都是 1,例如 192.168.1.255/24。广播地址

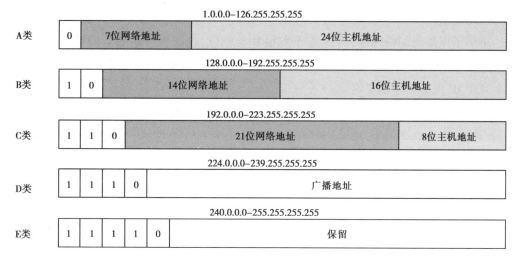

图 1-3　IP 地址分类

用于向同网段的所有主机发送数据包,通常以广播地址发送的数据包在经过路由器时被过滤掉。

②网段地址:主机地址以二进制表示全部都是 0,用来标识一个网络,比如 192.168.1.0/24 表示一个 C 类网络。

(2)子网划分

企业如果使用 B 类地址,容量上可以达到 65 534 个终端,但如果终端数量只有数百个,就会造成 IP 地址的极大浪费。同时,如果整个网络只使用一个大的 B 类网段作为 IP 地址范围,也会导致网络中所有终端在同一个广播域,容易产生广播风暴。因此,利用子网划分技术,通过一定的子网掩码,对 IP 地址的网络地址进行切割,形成更小的子网。

子网掩码的格式和 IP 地址相同,也是 32 位二进制数字。下面演示如何将一个 C 类地址通过子网掩码转化为更小的子网。

原 C 类地址网络,网络地址为:192.168.0.0/24。

默认子网掩码是 255.255.255.0,二进制:11111111.11111111.11111111.00000000,由于最后一个 8 位二进制为全 0,默认主机地址范围为 192.168.0.1—192.168.0.254。

通过修改子网掩码,得到更小的网络:

将子网掩码改为 255.255.255.192,二进制:11111111.11111111.11111111.11000000,由于最后一个 8 位二进制前两位为 1,即成为网络地址,因此可以使用的主机地址只有 6 位二进制数,新的子网容量只有 $2^6 = 64$,除去广播地址,只有 63 个终端 IP。

网络地址一共分为 4 个:

- 192.168.0.0/26
- 192.168.0.64/26
- 192.168.0.128/26
- 192.168.0.192/26

注意:上述网络地址中,/26 表示 32 位二进制的 IP 地址中,经过掩码作用,一共有 26

位是网络地址。

由于子网掩码的特殊性，即使是 A 类和 B 类地址，也依然可以划分为容量只有数十个 IP 地址的子网。如下例所示，通过 255.255.255.240 的掩码，一个 B 类网被切成容量为十几个 IP 地址的小型子网。

例 为扩容带宽，某企业和某电信运营商签订合同，接入一条 100 MB 的 Internet 线路，并获得 14 个公共的 IP 地址（实际有 16 个，1 个作网关地址，1 个作广播地址，所以终端 IP 只有 14 个）。

用户端公网 IP：111.202.152.17-30/Mask255.255.255.240。

1.5.4 知识点 4：交换机及路由器介绍

如果说双绞线和光纤是承载网络信号的链路，交换机和路由器则是网络上的重要节点，下面对两种设备作一个简要介绍。

（1）交换机

负责汇聚网络节点，主要工作在数据链路层。根据端口数量不同，常见的交换机有 4，8，16，24，48 口等，对于更大容量的数据中心还有插卡的箱式交换机等。同时，由于越来越多的终端设备，如 IP 电话，AP 等设备都需要网络供电，交换机也分为支持 PoE（网络供电模块）和不支持 PoE 两种。

如图 1-4 所示为 1 台 48 口盒式交换机。如图 1-5 所示为插卡式核心交换机，能根据实际需求插入不同的业务板卡，可以改变端口数量。

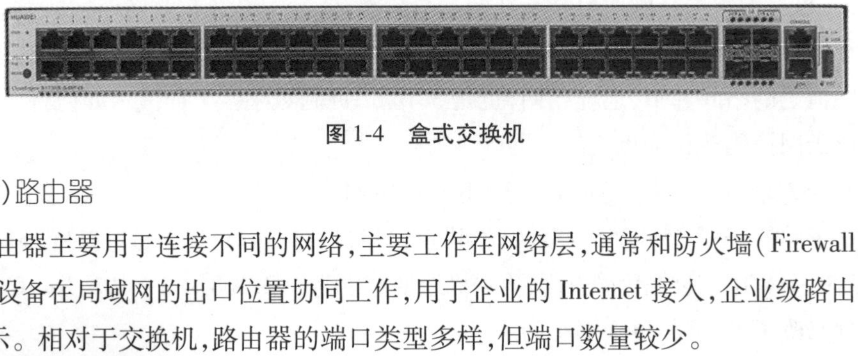

图 1-4 盒式交换机

（2）路由器

路由器主要用于连接不同的网络，主要工作在网络层，通常和防火墙（Firewall）、流量控制等设备在局域网的出口位置协同工作，用于企业的 Internet 接入，企业级路由器如图 1-6 所示。相对于交换机，路由器的端口类型多样，但端口数量较少。

图 1-5 插卡式核心交换机

图 1-6 企业级路由器

工作环节2
部署二层交换

2.1　工作要求

交换机是局域网中必不可少的网络设备,交换机通过二层交换技术将终端接入网络中,并帮助完成数据交换转发。因此现场工程师需要掌握交换机工作原理和数据转发方式,完成交换机初始化配置,并按照设计要求完成 VLAN、生成树等常见配置,能够排除常见的配置错误和网络故障。

在本环节中要完成拓扑图中 SW1、SW2、SW3、SW4 上的 VLAN、生成树、链路聚合等配置,如图 2-1 所示。利用 ENSP 模拟器等工具,验证网络规划是否合理,同时编制设备配置脚本用于现场实施。

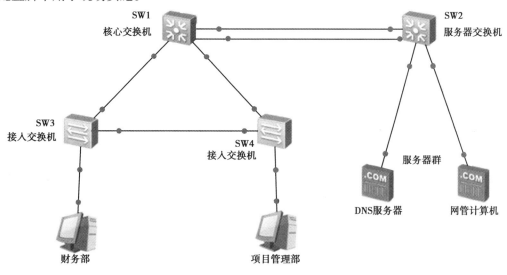

图 2-1　ENSP 模拟图

2.2　学习目标

①按照业务需求和设计方案,正确划分 VLAN 区域,设计 VLAN 编号和名称。
②能够在交换机上完成 VLAN 配置。
③能够在局域网中完成单个生成树的规划和配置。

④能够查看和分析交换机的 MAC 地址表、端口状态表等主要信息。

⑤能够进行简单的设备配置检查和网络故障排查。

⑥做到网络设备配置规范,符合工程质量标准。

2.3 工作准备

①按照设计方案和用户现场需求,完善 IP 地址规划和路由规划。

②根据用户需求和产品手册对比,对交换机进行软件版本升级。

③根据设备型号和软件版本,下载相应的操作手册。

④编制网络设备的配置脚本,并在模拟环境中进行测试。

⑤现场检查硬件安装情况、线缆连接、端口编号、设备状态等是否正确。

⑥如果是在运行中的业务网络,准备好应急回退预案。

2.4 工作实施

(1)按照 A 公司的网络拓扑图,完成设备连接表、VLAN 划分表、IP 地址规划表等

①端口互连规划表如表 2-1 所示。

表 2-1 端口互连规划表

本端设备	本端端口	端口配置	对端设备	对端端口
R2	GE0/0/0	IP:16.16.16.16/24	R1	GE0/0/0
R1	GE0/0/0	IP:16.16.16.1/24	R2	GE0/0/0
R1	GE0/0/1	IP:10.1.1.2/30	SW1	GE0/0/24
SW1	GE0/0/1	TRUNK	SW3	GE0/0/1
SW1	GE0/0/2	TRUNK	SW4	GE0/0/1
SW1	GE0/0/21	ETH-TRUNK	SW2	GE0/0/21
SW1	GE0/0/22	ETH-TRUNK	SW2	GE0/0/22
SW1	GE0/0/24	IP:10.1.1.1/30	R1	GE0/0/1
SW2	GE0/0/1-10	VLAN 90	服务器群	
SW2	GE0/0/21	ETH-TRUNK	SW1	GE0/0/21
SW2	GE0/0/22	ETH-TRUNK	SW1	GE0/0/22
SW3	eth1-20	VLAN10	财务部	
SW3	GE0/0/1	TRUNK	SW1	GE0/0/1
SW3	GE0/0/2	TRUNK	SW4	GE0/0/2
SW4	eth1-20	VLAN 20	项目管理部	

续表

本端设备	本端端口	端口配置	对端设备	对端端口
SW4	GE0/0/1	TRUNK	SW1	GE0/0/2
SW4	GE0/0/2	TRUNK	SW3	GE0/0/2

ENSP 模拟软件中的交换机端口编号使用了 3 个数字。其他品牌型号的交换机，其端口编号通常也使用 2~4 个数字。

思考

查阅资料获取交换机端口编号规则。

答案：

_____

_____

②VLAN 规划表如表 2-2 所示。

表 2-2　VLAN 规划表

VLAN-ID	VLAN 命名	网段	用途
VLAN 10	FA	192.168.10.0/24	财务部
VLAN 20	PM	192.168.20.0/24	项目管理部
VLAN 90	DC	192.168.90.0/24	服务器群
VLAN 100	SW-MGMT	192.168.100.0/24	交换机管理
VLAN 201	SW1-R1	10.1.1.0/30	交换机 SW1 与路由器 R1 互联
VLAN 202	SW1-SW2	10.1.1.4/30	交换机 SW1 与交换机 SW2 互联

思考

此处的 VLAN ID 为什么不使用"1,2,3,4……"这样的连续数字规律？VLAN 命名有什么作用？

答案：

_____

_____

③设备管理规划表如表 2-3 所示。

表 2-3　设备管理规划表

设备类型	型号	设备命名	登录密码
路由器	AR2220	R2	huawei123
路由器	AR2220	R1	huawei123

续表

设备类型	型号	设备命名	登录密码
三层交换机	S5700	SW1	huawei123
三层交换机	S5700	SW2	huawei123
二层交换机	S3700	SW3	huawei123
二层交换机	S3700	SW4	huawei123

本书使用的设备命名非常简单,只是为了方便大家练习使用。规范的设备名通常应包括设备位置、型号、用途等信息。

思考

学校中心机房网络机柜1中的核心交换机,设备型号为华为S9300,则该设备可以命名为:_____

教学1楼设备间的汇聚交换机,设备型号为华为S5700,则该设备可以命名为:

_____

教学1楼3层弱电间的接入交换机,设备型号为华为S3700,则该设备可以命名为:

_____

④和布线工程师核对设备安装与连接是否正确,端口指示灯等显示是否正常。

提示:当设备数量较多,安装位置分散时,应当先完成设备的基础网络和远程管理等配置,再安装设备。设备加电后,最后远程进行配置和调试。

(2)完成设备基础管理配置

完成设备基础管理配置,如升级软件版本、配置设备时间、开启远程管理等。

1)检查设备当前的软件版本

display version

填写显示结果:

_____

_____

在官方手册中查询该版本支持的网络功能和特性,是否满足所有的业务要求。通常建议在设备配置之前,先升级到最新的软件版本。

2)查看和配置设备时间

display clock

如果设备时间不正确,可以使用"clock datetime"命令手动修改系统时间。

思考

为什么要保持所有设备的系统时间基本一致?

答案:_____

_____

_____

3)配置设备名,完成基础配置,开启远程管理功能

按照设备管理规划表为所有设备命名。按照技术方案和网络安全等要求,在设备上选择开启 Telnet、SSH、HTTP、HTTPS、SNMP 等支持远程管理的协议。

(3)完成基础网络配置,包括 VLAN 配置、生成树配置、接口 IP 配置等

①在交换机 SW1、SW2、SW3、SW4 上创建 VLAN 并修改 VLAN 备注。

SW1

```
<Huawei>system-view   //进入系统视图
[Huawei] sysname SW1   //修改设备名称为 SW1
[SW1] vlan 10   //创建 VLAN 10
[SW1-vlan10] description FA   //修改 VLAN10 备注为 FA
[SW1] vlan 20   //创建 VLAN 20
[SW1-vlan20] description PM   //修改 VLAN20 备注为 PM
[SW1] vlan 100   //创建 VLAN 100
[SW1-vlan100] description SW-MGMT   //修改 VLAN100 备注为 SW-MGMT
[SW1] vlan 201   //创建 VLAN 201
[SW1-vlan201] description SW1-R1   //修改 VLAN201 备注为 SW1-R1
[SW1] vlan 202   //创建 VLAN 202
[SW1-vlan202] description SW1-SW2   //修改 VLAN202 备注为 SW1-SW2
```

SW2

```
<Huawei>system-view   //进入系统视图
[Huawei] sysname SW2   //修改设备名称为 SW2
[SW2] vlan 90   //创建 VLAN 90
[SW2-vlan90] description DC   //修改 VLAN90 备注为 DC
[SW2] vlan 100   //创建 VLAN 100
[SW2-vlan100] description SW-MGMT   //修改 VLAN100 备注为 SW-MGMT
[SW2] vlan 202   //创建 VLAN 202
[SW2-vlan202] description SW1-SW2   //修改 VLAN202 备注为 SW1-SW2
```

SW3

```
<Huawei>system-view    //进入系统视图
[Huawei] sysname SW3    //修改设备名称为 SW3
[SW3] vlan 10    //创建 VLAN 10
[SW3-vlan10] description FA    //修改 VLAN10 备注为 FA
[SW3] vlan 20    //创建 VLAN 20
[SW3-vlan20] description PM    //修改 VLAN20 备注为 PM
[SW3] vlan 100    //创建 VLAN 100
[SW3-vlan100] description SW-MGMT    //修改 VLAN100 备注为 SW-MGMT
```

SW4

```
<Huawei>system-view    //进入系统视图
[Huawei] sysname SW4    //修改设备名称为 SW4
[SW4] vlan 10    //创建 VLAN 10
[SW4-vlan10] description FA    //修改 VLAN10 备注为 FA
[SW4] vlan 20    //创建 VLAN 20
[SW4-vlan20] description PM    //修改 VLAN20 备注为 PM
[SW4] vlan 100    //创建 VLAN 100
[SW4-vlan100] description SW-MGMT    //修改 VLAN100 备注为 SW-MGMT
```

②在交换机 SW1、SW2、SW3、SW4 上将接口划分给 VLAN。

SW1

```
[SW1] interface GigabitEthernet 0/0/24    //进入 Gi0/0/24 接口
[SW1-GigabitEthernet 0/0/24] port link-type access    //配置接口模式为 access
[SW1-GigabitEthernet 0/0/24] port default vlan 201    //配置接口默认 VLAN 为
                                                        VLAN 201
[SW1-GigabitEthernet 0/0/24] quit    //退出
```

SW2

```
[SW2] port-group 1    //创建端口组 1
[SW2-port-group-1] group-member Gi 0/0/1 to Gi 0/0/10
        //将 Gi0/0/1 至 Gi0/0/10 接口加入到端口组中
[SW2-port-group-1] port link-type access    //配置接口模式为 access
[SW2-port-group-1] port default vlan 90    //配置接口默认 VLAN 为 VLAN 90
[SW2-port-group-1] quit    //退出
```

SW3

```
[SW3] port-group 1    //创建端口组 1
[SW3-port-group-1] group-member Eth 0/0/1 to Eth 0/0/20
        //将 eth0/0/1 至 eth0/0/20 接口加入端口组中
```

```
[SW3-port-group-1] port link-type access   //配置接口模式为 access
[SW3-port-group-1] port default vlan 10   //配置接口默认 VLAN 为 VLAN 10
[SW3-port-group-1] quit  //退出
```

SW4

```
[SW4] port-group 1   //创建端口组 1
[SW4-port-group-1] group-member Eth 0/0/1 to Eth 0/0/20
              //将 eth0/0/1 至 eth0/0/20 接口加入端口组中
[SW4-port-group-1] port link-type access   //配置接口模式为 access
[SW4-port-group-1] port default vlan 20   //配置接口默认 VLAN 为 VLAN 20
[SW4-port-group-1] quit   //退出
```

③在交换机上使用"display vlan"命令查看 VLAN 配置是否生效,以 SW3 为例。

```
[SW3] display vlan
The total number of vlans is : 4
------------------------------------------------------------
U: Up;          D: Down;        TG: Tagged;        UT: Untagged;
MP: Vlan-mapping;              ST: Vlan-stacking;
#: ProtocolTransparent-vlan;       *: Management-vlan;
------------------------------------------------------------

VID  Status  Property      MAC-LRN Statistics Description
------------------------------------------------------------

1    enable  default      enable  disable   VLAN 0001
10   enable  default      enable  disable   FA
20   enable  default      enable  disable   PM
100  enable  default      enable  disable   SW-MGMT
```

④在各接入交换机上使用"display port vlan"命令查看接口分配状态,以 SW3 为例。

```
[SW3] display port vlan
Port                   Link Type   PVID   Trunk VLAN List
------------------------------------------------------------

Ethernet0/0/1          access      10     -
Ethernet0/0/2          access      10     -
省略部分内容……
Ethernet0/0/18         access      10     -
Ethernet0/0/19         access      10     -
```

Ethernet0/0/20	access	10	-
Ethernet0/0/21	hybrid	1	-
Ethernet0/0/22	hybrid	1	-
GigabitEthernet0/0/1	hybrid	1	-
GigabitEthernet0/0/2	hybrid	1	-

⑤配置交换机 SW1、SW3、SW4 的互联接口为 TRUNK 模式,配置 TRUNK 放通相应VLAN。

```
[SW1] interface GigabitEthernet 0/0/1    //进入 Gi0/0/1 接口
[SW1-GigabitEthernet 0/0/1] port link-type trunk    //配置接口模式为 trunk
[SW1-GigabitEthernet 0/0/1] port trunk allow-pass vlan 10 20 100    //配置 trunk
放通 VLAN10、20、100
[SW1-GigabitEthernet 0/0/1] quit    //退出
[SW1] interface GigabitEthernet 0/0/2    //进入 Gi0/0/2 接口
[SW1-GigabitEthernet 0/0/2] port link-type trunk    //配置接口模式为 trunk
[SW1-GigabitEthernet 0/0/2] port trunk allow-pass vlan 10 20 100    //配置 trunk
放通 VLAN10、20、100
[SW1-GigabitEthernet 0/0/2] quit    //退出

[SW3] interface GigabitEthernet 0/0/1    //进入 Gi0/0/1 接口
[SW3-GigabitEthernet 0/0/1] port link-type trunk    //配置接口模式为 trunk
[SW3-GigabitEthernet 0/0/1] port trunk allow-pass vlan 10 20 100    //配置 trunk
放通 VLAN10、20、100
[SW3-GigabitEthernet 0/0/1] quit    //退出
[SW3] interface GigabitEthernet 0/0/2    //进入 Gi0/0/2 接口
[SW3-GigabitEthernet 0/0/2] port link-type trunk    //配置接口模式为 trunk
[SW3-GigabitEthernet 0/0/2] port trunk allow-pass vlan 10 20 100    //配置 trunk
放通 VLAN10、20、100
[SW3-GigabitEthernet 0/0/2] quit    //退出

[SW4] interface GigabitEthernet 0/0/1    //进入 Gi0/0/1 接口
[SW4-GigabitEthernet 0/0/1] port link-type trunk    //配置接口模式为 trunk
[SW4-GigabitEthernet 0/0/1] port trunk allow-pass vlan 10 20 100    //配置
trunk 放通 VLAN10、20、100
[SW4-GigabitEthernet 0/0/1] quit    //退出
[SW4] interface GigabitEthernet 0/0/2    //进入 Gi0/0/2 接口
```

[SW4-GigabitEthernet 0/0/2] port link-type trunk　　//配置接口模式为 trunk

[SW4-GigabitEthernet 0/0/2] port trunk allow-pass vlan 10 20 100　　//配置 trunk 放通 VLAN10、20、100

[SW4-GigabitEthernet 0/0/2] quit　　//退出

在核心交换机上使用"display port vlan"命令查看接口 VLAN 配置信息。

[SW1] display port vlan

Port	Link Type	PVID	Trunk VLAN List
GigabitEthernet0/0/1	trunk	1	1 10 20 100
GigabitEthernet0/0/2	trunk	1	1 10 20 100
GigabitEthernet0/0/3	hybrid	1	–
GigabitEthernet0/0/4	hybrid	1	–
GigabitEthernet0/0/5	hybrid	1	–

省略部分内容……

在各接入交换机上使用"display port vlan"命令查看接口分配状态,以 SW3 为例。

[SW3] display port vlan

Port	Link Type	PVID	Trunk VLAN List
Ethernet0/0/1	access	10	–
Ethernet0/0/2	access	10	–
省略部分内容……			
Ethernet0/0/18	access	10	–
Ethernet0/0/19	access	10	–
Ethernet0/0/20	access	10	–
Ethernet0/0/21	hybrid	1	–
Ethernet0/0/22	hybrid	1	–
GigabitEthernet0/0/1	trunk	1	1 10 20 100
GigabitEthernet0/0/2	trunk	1	1 10 20 100

⑥配置核心交换机与服务器群交换机互联线路为 ETH-TRUNK,配置接口模式为 TRUNK 并放通相应 VLAN。

[SW1] interface Eth-Trunk 1　　//创建 eth-trunk 接口 1

[SW1-Eth-Trunk1] port link-type trunk　　//配置接口模式为 trunk

[SW1-Eth-Trunk1] port trunk allow-pass vlan 100 202　　//配置 trunk 放通

VLAN 100 和 202

```
[SW1-Eth-Trunk1] quit   //退出
[SW1] interface gi0/0/21   //进入 Gi0/0/21 接口
[SW1-GigabitEthernet0/0/21] eth-trunk 1   //加入 eth-trunk 1
[SW1] interface gi0/0/22   //进入 Gi0/0/22 接口
[SW1-GigabitEthernet0/0/22] eth-trunk 1   //加入 eth-trunk 1
[SW1-GigabitEthernet0/0/22] quit   //退出
```

```
[SW2] interface Eth-Trunk 1   //创建 eth-trunk 接口 1
[SW2-Eth-Trunk1] port link-type trunk   //配置接口模式为 trunk
[SW2-Eth-Trunk1] port trunk allow-pass vlan 100 202   //配置 trunk 放通
                                                        VLAN 100 和 202
[SW2-Eth-Trunk1] quit   //退出
[SW2] interface gi0/0/21   //进入 Gi0/0/21 接口
[SW2-GigabitEthernet0/0/21] eth-trunk 1   //加入 eth-trunk 1
[SW2] interface gi0/0/22   //进入 Gi0/0/22 接口
[SW2-GigabitEthernet0/0/22] eth-trunk 1   //加入 eth-trunk 1
[SW2-GigabitEthernet0/0/22] quit   //退出
```

在核心交换机、服务器群交换机上使用"display eth-trunk"命令查看 eth-trunk 端口状态,以 SW1 为例。

```
[SW1]display eth-trunk
Eth-Trunk1's state information is:
WorkingMode: NORMAL          Hash arithmetic: According to SIP-XOR-DIP
Least Active-linknumber: 1    Max Bandwidth-affected-linknumber: 8
Operate status: up            Number Of Up Port In Trunk: 2
_____
PortName                     Status        Weight
GigabitEthernet0/0/21        Up            1
GigabitEthernet0/0/22        Up            1
```

⑦在交换机开启多生成树,指定核心交换机的生成树优先级,配置连接 PC 的接口为生成树边缘端口。

```
[SW1] stp enable   //开启生成树
[SW1] stp mode rstp   //配置生成树模式为 RSTP
[SW1] stp priority 4096   //配置生成树优先级为 4096
```

```
[SW3] stp enable   //开启生成树
[SW3] stp mode rstp   //配置生成树模式为 RSTP
```

```
[SW3] port-group 1   //进入端口组1
[SW3-port-group-1] stp edged-port enable    //配置端口为生成树边缘端口
[SW3-port-group-1] quit   //退出
```

```
[SW4] stp enable   //开启生成树
[SW4] stp mode rstp   //配置生成树模式为RSTP
[SW4] port-group 1   //进入端口组1
[SW4-port-group-1] stp edged-port enable    //配置端口为生成树边缘端口
[SW4-port-group-1] quit   //退出
```

在交换机上使用"display stp"命令查看生成树配置状态,以SW3为例。

```
[SW3]display stp
  ——————[CIST Global Info][Mode RSTP]——————
CIST Bridge           :32768.4c1f-cc24-5024
Config Times          :Hello 2s MaxAge 20s FwDly 15s MaxHop 20
Active Times          :Hello 2s MaxAge 20s FwDly 15s MaxHop 20
CIST Root/ERPC        :4096 .4c1f-ccb3-69ef / 20000
CIST RegRoot/IRPC     :32768.4c1f-cc24-5024 / 0
CIST RootPortId       :128.23
BPDU-Protection       :Disabled
TC or TCN received    :57
TC count per hello    :0
STP Converge Mode     :Normal
Time since last TC    :0 days 0h:0m:11s
Number of TC          :36
Last TC occurred      :GigabitEthernet0/0/1
省略部分内容……
```

在交换机上查看使用"display stp brief"命令生成树实例的端口状态,以SW3为例。

```
[SW3]display stp brief
```

MSTID	Port	Role	STP State	Protection
0	Ethernet0/0/1	DESI	FORWARDING	NONE
0	GigabitEthernet0/0/1	ROOT	FORWARDING	NONE
0	GigabitEthernet0/0/2	DESI	FORWARDING	NONE

⑧当项目中要使用大量接入交换机时,建议选择同一品牌型号,并且尽量统一规划和配置,如使用相同的上行端口等。

思考

上述第⑧条这样做的优点是什么？

答案：_____

（4）方案验证

在 ENSP 等软件中搭建模拟环境，并验证设计方案

注：需要保存 ENSP 中的设备配置，以便在下一个工作环节中使用。

（5）现场实施

在模拟器上验证无误后，进入现场实施阶段。

2.5 相关知识点

2.5.1 知识点 1：交换机工作原理

（1）交换机端口简介

交换机接口种类很多，如图 2-2 所示为典型的盒式交换机前面板，如图 2-3 所示为带光纤接口的交换机前面板。

图 2-2　8 口、16 口、24 口交换机

图 2-3　带光纤接口的交换机

前面板包括的主要接口类型有：

①电口：Ethernet 接口，也称快速以太网口，主要连接其他交换机或计算机，使用双绞线进行连接，其默认速率为 100 Mb/s。Gigabit Ethernet 接口，也叫千兆以太网口，默认速

率为1 000 Mb/s。

②光纤接口：用来连接光纤线缆的交换机物理接口。需要插入光模块来使用，常见的光模块包括SFP和SFP+等类型。

③Console接口：也叫控制口，这个接口是用来调试网络设备的。有些设备上还有AUX接口，也是用来进行设备配置的。

④USB接口。部分设备有USB接口，主要用于备份软件和配置，也可以用来离线升级交换机软件。

（2）交换机组件简介

交换机的硬件主要包括主板、处理器、内存、Flash和电源系统。

①主板（背板）：提供各业务接口和数据转发单元的联系通道。背板吞吐量也称背板带宽，是交换机接口处理器或接口卡和数据总线间所能吞吐的最大数据量，这是交换机交换性能的一个重要指标。一台交换机的背板带宽越高，就说明它处理数据的能力就越强。

②处理器（CPU）：以太网交换机运算的核心部件，它的主频直接决定了交换机的运算速度，用单位时间内能够完成的计算量来衡量。

③内存（RAM）：为CPU运算提供动态存储空间，内存空间的大小与CPU的主频共同决定了计算的最大运算量。

④Flash：提供永久存储功能，主要保存配置文件和系统文件；Flash能够快速恢复业务，有效地保证了交换机的正常运转。同时还为网络设备的升级维护提供方便、快捷的方式。如使用FTP、TFTP升级或配置等。

⑤交换机的电源系统：为交换机提供电源输入，电源系统的性能在很大程度上决定了交换机能否正常运行，最大输出电流、最大电源数、输入电压的可变化范围等都是衡量电源系统的重要指标。一般地，核心设备都提供有冗余电源供应，在一个电源失效后，其他电源仍可继续供电，不影响设备的正常运转。在接多个电源时，要注意用多路继电供应，这样，在一路线路失效时，其他线路仍可继续供电。

（3）交换机主要参数

下面介绍几个交换机选择时最常见的参数。

①端口数量：盒式交换机端口数量通常有8口、12口、24口、48口等。

②机架插槽数：机架式交换机所能安插的最大模块数。

③背板吞吐量：也称背板带宽，单位是每秒通过的数据包个数（PPS），表示交换机接口处理器或接口卡和数据总线间所能吞吐的最大数据量。一台交换机的背板带宽越大，所能处理数据的能力就越强，但同时成本也会越高。

④MAC地址表大小：连接到局域网上的每个端口或设备都需要一个MAC地址，其他设备要用此地址来定位特定的端口及更新路由表和数据结构。一个设备MAC地址表的大小反映了该设备能支持的最大节点数。

⑤支持的协议和标准:交换机所支持的协议和标准等,直接决定了交换机的网络适应能力和功能丰富程度。

其他主要参数还包括交换容量、包转发率、线速、最大可堆叠数等。

(4)交换机地址学习与转发

交换机依靠 MAC 地址表进行数据转发,实现对广播域的隔离。下面学习交换机如何进行 MAC 地址学习以及如何进行数据转发。

1)MAC 地址

MAC 地址也叫物理地址、硬件地址,由网络设备制造商生产时烧录在网卡中。IP 地址与 MAC 地址在计算机里都是以二进制表示的,IP 地址是 32 位的,而 MAC 地址则是 48 位的。MAC 地址的长度为 48 位(6 个字节),通常表示为 12 个 16 进制数,如:00-16-EA-AE-3C-40 就是一个 MAC 地址,其中前 6 位 16 进制数 00-16-EA 代表网络硬件制造商的编号,它由 IEEE(电气与电子工程师协会)分配,而后 6 位 16 进制数 AE-3C-40 代表该制造商所制造的某个网络产品(如网卡)的系列号。只要不更改自己的 MAC 地址,MAC 地址在世界上就是唯一的。形象地说,MAC 地址就如同身份证号码,具有唯一性。

查看计算机的 MAC 地址,参考方法如下:

- 在 Windows 命令行窗口中输入:ipconfig/all
- 打开控制面板→网络连接→查看网络适配器→详细信息(不同版本方法不同)

查看手机 MAC 地址,参考方法如下:

- 设置→无线→点击无线连接或高级设置(不同手机系统的查看方法不同)

2)交换机 MAC 地址学习过程

如图 2-4 所示,有 4 台 PC 连接到交换机上。初始时,MAC 地址是空的。

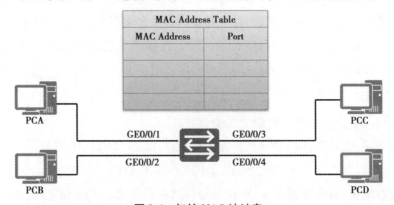

图 2-4　初始 MAC 地址表

如图 2-5 所示,此时假设 PCA 要发数据帧给 PCD,首先会将数据帧发送到交换机上。交换机把 PCA 的帧中的源地址 MAC_A 与接收到此帧的端口 GE0/0/1 形成映射关系,记录在 MAC 地址表中。然后把数据帧进行泛洪处理,把要转发的数据帧向除了入口以外的所有端口进行转发。

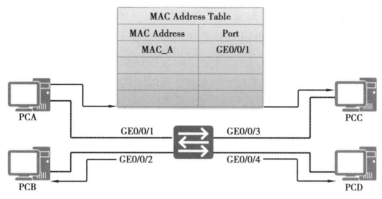

图 2-5　交换机记录 PCA 的 MAC 地址

如图 2-6 所示,当 PCD 检测到该数据帧的目的 MAC 与源 MAC 地址相同时,则接收这个数据帧并进行应答。交换机收到 PCD 的应答数据帧后,将帧中的源地址 MAC_D 与接收到此帧的端口 GE0/0/4 形成映射关系。然后将数据帧通过端口 GE0/0/1 转发给 PCA。

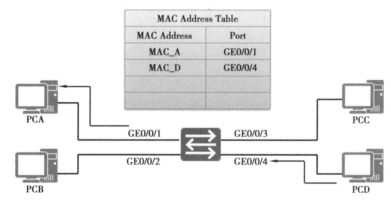

图 2-6　交换机记录到 PCD 的 MAC 地址

交换机通过学习数据帧中的源 MAC 地址信息,逐步构建出一个完整的 MAC 地址表,并通过 MAC 地址表来进行数据转发。

MAC 地址表是存放在交换机的缓存中的,交换机在初始化时,MAC 地址表是空的,在交换机断电重启后,MAC 地址表也会被清空,需要重新学习。

MAC 地址表有老化时间,通常默认的老化时间为 300 s,也就是交换机学习到某条 MAC 地址信息后就会记录存储时间,如果在其老化之前又重新学习到这条 MAC 地址,会刷新存储时间,重新计时,否则到了老化时间,会删除这条 MAC 地址信息,进行重新学习。这样做的目的是保证数据转发的正确性,避免节点更换了端口而信息还是以前学习到的,造成错误的数据转发。

2.5.2　知识点 2:虚拟局域网技术

(1)VLAN 概述

基础的交换机功能会尽力转发所有数据帧,但随着局域网终端数量的增多和网段容量的增大会带来一系列的问题。大量终端直接互通,可能带来网络攻击的隐患。网络中的广播数据是面向整个网段的,当同一网段中终端数量太多,产生大量广播包,对网络资源是极大的浪费,严重影响网络性能。因此使用虚拟局域网(Virtual Local Area Networks,VLAN)技术,可以把终端用户划分为多个逻辑上的网络分组,以此来隔离广播域,提高网络管理的效率和性能。

在网络中配置虚拟局域网(VLAN)后,每个逻辑分组内部的用户可以直接相互访问,不同逻辑分组的用户之间无法直接相互访问。二层网络所产生的多播和广播等数据报文也只能在逻辑组内传播,无法传播到组外。

1)VLAN 的作用

VLAN 的主要作用如下:

①限制网络上的广播,将网络划分为多个 VLAN 可减少参与广播风暴的设备数量。VLAN 分段可以防止广播风暴波及整个网络。VLAN 可以提供建立防火墙的机制,防止交换网络的过量广播。

②增强局域网的安全性,含有敏感数据的用户组可与网络的其余部分隔离,从而降低泄露机密信息的可能性。

③借助 VLAN 技术,能将不同地点、不同网络、不同用户组合在一起,形成一个虚拟的网络环境,就像使用本地 VLAN 一样方便、灵活、有效。

如图 2-7 所示,在某企业的局域网中,有办公网和实验室网两种业务场景,对于安全的要求也有所区别,因此可以划分为两个 VLAN 来进行区分:

①VLAN1:Office VLAN,主要连接所有办公室日常办公的终端,保证用户可以互访,连接打印服务及访问互联网。

②VLAN2:Lab VLAN,主要连接研发团队的服务器,以及数据库等重要资料,不允许办公终端访问。

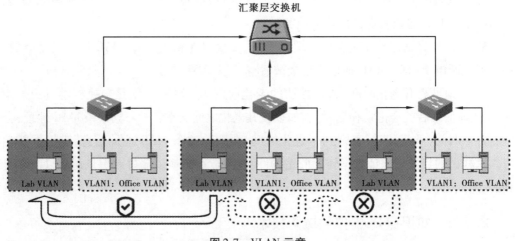

图 2-7　VLAN 示意

为了能正确识别数据帧属于哪个 VLAN,并正确处理不同 VLAN 的数据帧,需要在以太网数据帧上增加一个 VLAN 标签字段。交换机在转发时可以进行如下处理:

①对于未添加 VLAN 标签的原始数据帧进行添加 VLAN 标签操作。

②根据标签的不同,来决定对数据帧进行丢弃、转发。

③在确认数据帧目的地是相同 VLAN 的终端时,可以剥离 VLAN 标签。

如图 2-8 所示,在进行数据帧转发时,PC1 所在的交换机端口属于 Office_VLAN,因此数据帧发送到交换机端口时,被加上了 Office_VLAN 的标记。而 PC2 所在的交换机端口属于 Lab_VLAN,只允许被 VLAN 标记为 Lab_VLAN 的数据帧通行。因此,当 PC1 向 PC2 发送数据帧时,虽然通过交换机的 MAC 地址列表能找到 PC2 所在的交换机端口,但是由于 VLAN 不同,PC1 发给 PC2 的数据帧会被 PC2 所在的交换机端口丢弃。

因此,配置了 VLAN 的交换机,在转发以太网数据帧时不仅需要考虑目标 MAC 地址,也要考虑对方端口的配置情况,这样就实现了在数据链路层对数据帧转发的控制。

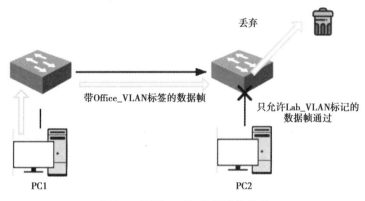

图 2-8 不同 VLAN 数据帧的处理

2）VLAN 的数据帧格式说明

在以太网的基础数据帧中添加的 VLAN 标签长度为 32 个比特(bit),会直接附加在以太网数据帧的头部,如图 2-9 所示,VLAN 的标识由 TPID 和 TCI 两部分组成。

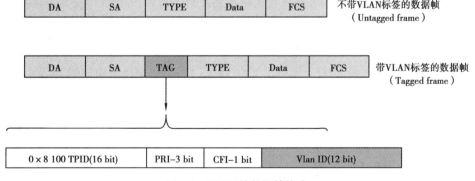

图 2-9 VLAN 的数据帧格式

TPID:标签协议标识(Tag Protocol Identifier),属于 VLAN 标记中的一个字段,IEEE 802.1q 协议规定该字段的取值为 0x8100,用户也可以自行定义 TPID 值来进行设备兼容。

TCI:TCI 是 VLAN 标识的主要内容,主要包括 PRI, CFI, VLAN ID。

PRI:优先级,长度 3 bit,表示以太网数据帧的优先级。优先级共有 8 种,从 0 到 7,用于提供有差别的转发服务。

CIF:标准格式指示(Canonical Format Indicator),长度 1 bit,用于令牌环和源路由 FDDI 介质访问时指示地址信息的排位次序,比如,先传送高位数据还是低位数据。

VLANID(VLAN Identifier):长度 12 bit,取值范围 0 ~ 4095,VLAN ID 也称 VLAN 标签。

所以以太网上的数据报文,分为没有加上 VLAN ID 的数据报文(Untagged),和加上了 VLAN ID 的数据报文(Tagged)。

(2)VLAN 的种类

以太网交换机转发的数据帧都是需要带有 VLAN ID 的,因此在处理终端或其他交换机发来的数据帧时,如果发现数据帧没有 VLAN ID,就需要依据 VLAN 配置,给予正确的 VLANID;如果带有 VLAN ID,则数据帧就会进入转发过程。

根据设置方式的不同,VLAN 分为不同的种类,通常包括:

1)基于 MAC 地址设置 VLAN ID

在网络中配置好 MAC 地址和 VLAN ID 的映射关系,当收到 Untagged Frame 时,按照提前准备好的映射关系表设置 VLAN ID。这种方式适合根据终端类型区别,加入不同 VLAN 的场景。

应用案例

某知名跨国软件企业,对于终端安全有着非常严格的要求,为此网络管理员与系统管理员合作制订规则,即当客户端连接到网络时,系统会进行一系列检测:

- 客户端需要具有公司根证书和客户端证书;
- 客户端需要将 Windows10 系统升级到版本 1903 以上;
- 客户端需要安装指定杀毒软件并升级到最新。

经检测后符合以上要求的客户端,自动加入 Office_VLAN,可以和其他 Office 资源相连,并能够访问 Internet。不符合上述任意一条要求的客户端,都被认为是访客设备,自动加入 Guest_VLAN,只能访问 Internet。

2)根据交换机端口设置 VLAN ID

管理员提前为交换机的每个端口定义好 VLAN ID,基于交换机端口的 VLAN ID 也称为 PVID(Port-base VLAN ID),当收到没有 VLAN ID 的数据帧时,交换机通过定义好的 PVID 来为数据帧添加 VLAN ID。交换机端口的 PVID 默认为 1。这种方法是目前企业级局域网中设置 VLAN ID 的主流方法。

3)根据协议设置 VLAN ID

管理员预先配置好以太网数据帧中的协议域和对应的 VLAN ID,当收到未打 VLAN ID 的数据帧时,根据 VLAN ID 和协议映射表来分配 VLAN ID。

4)根据子网设置 VLAN ID

管理员根据不同的 IP 子网设计不同的 VLAN ID 并配置成一个映射表,来自不同子网的数据帧,根据子网的不同,得到不同的 VLAN ID。

5）基于策略设置 VLAN ID

这是安全性最高也是最周到的 VLAN ID 划分方法，等于把之前的几种划分方式做了组合，可以设计不同的策略，比如基于 MAC 地址和接口，或是 IP 地址和协议，非常灵活。可以同时设置多个策略，并且为策略设定优先级，当发生冲突时，根据优先级高的策略为数据帧添加 VLAN ID。

（3）VLAN 内的通信

VLAN 的通信有两个方面，一是保证同一个 VLAN 内的终端，能够在不同交换机上相互访问；二是不同 VLAN 之间的终端，可以通过三层路由进行相互访问。

1）VLAN 内部终端的相互访问

同一个 VLAN 内部终端的相互访问，需要 3 个条件：

①源交换机端口的 VLAN ID 已经创建好了。

②目的交换机端口允许该 VLAN ID 通过。

③如果要转发经过多个交换机，所有交换机都允许该 VLAN ID 转发。

如图 2-10 所示，展示了一个 VLAN 跨越多个不同层次交换机时，处理数据帧采用的策略。

多个交换机组成的网络，需要保证数据的互通。例如，一个端口既要走 Office-VLAN 的数据，也要允许 Lab-VLAN 的数据通过，那么在实际的配置中，就要把这个交换机端口配置成同时属于两个 VLAN。

多交换机之间多个 VLAN 数据帧转发通常如图 2-11 所示。

基于交换机端口划分 VLAN，是目前园区网络中主流的方式。根据交换机端口的不同作用，可以分为 Access 类型端口、Trunk 类型端口和 Hybrid 类型端口三种。

2）Access 类型端口特点

①通常用于连接计算机、网络打印机等网络终端设备。

②收到终端发来的不带 VLAN ID 的数据帧时，会打上端口 PVID 所表示的 VLAN 号。

③向终端转发数据帧时，只允许转发与端口 PVID 相同的 VLAN 的数据帧，并去掉 VLAN 标签。

3）Trunk 类型端口特点

①通常用于交换机之间互联。

②向其他交换机转发数据帧时，不会去掉 VLAN ID。（唯一的特殊情况是当数据帧的 VLAN ID 和端口 PVID 一致时会去掉 VLAN ID，在规划和部署网络时，尽量避免这种设计。）

③向其他交换机转发数据帧时，允许转发多个 VLAN ID 的数据帧。

④收到其他交换机发来的带 VLAN ID 的数据帧时，对其 VLAN ID 不作修改。（收到不带 VLAN 标签的数据帧时，也会打上端口 PVID 所表示的 VLAN 号。）

图 2-12 展示了 Access 和 Trunk 类型端口的使用位置。

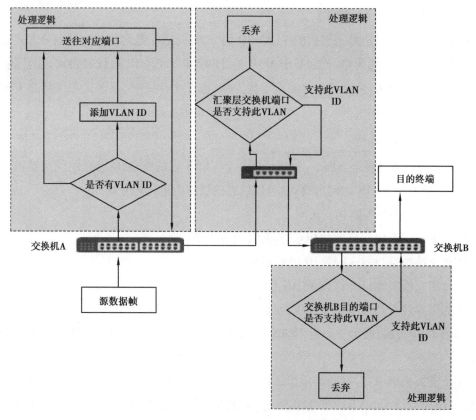

图 2-10　多个交换机之间的 VLAN 数据帧转发

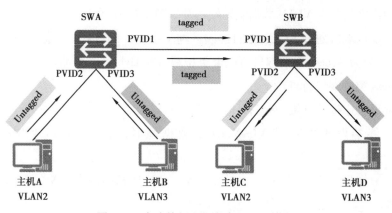

图 2-11　多交换机之间多个 VLAN 转发

4）Hybrid 类型端口特点

①Hybrid 类型端口是华为、H3C 等部分厂商交换机独有的端口类型。

②非常灵活,在实际实施中可以代替实现 Access 和 Trunk 类型端口的作用,可以连接终端,也可以用于交换机之间互联。

③转发数据帧时,可以自定义哪些 VLAN ID 的数据帧允许转发,并且自定义是否去掉标签。

④端口也有唯一的 PVID,收到数据帧时的处理和 Trunk 类型端口相同。

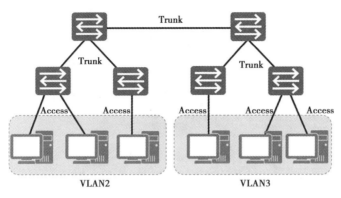

图 2-12　Access 和 Trunk 类型端口

（4）VLAN 之间的通信

VLAN 的设计，隔离了数据链路层的通信，分割广播域的同时也限制了不同 VLAN 间的主机进行二层通信。

如图 2-13 所示，不同 VLAN 之间的数据帧要想跨越 VLAN 通信，需要用到路由器的转发功能，通过路由将数据帧报文从一个 VLAN 转发到另外一个 VLAN，路由器把两个 VLAN 看作两个网络来转发。

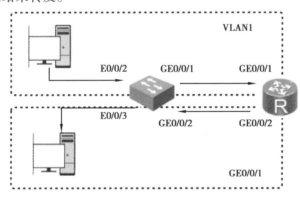

图 2-13　通过路由器实现 VLAN 之间转发

如图 2-13 所示，每个 VLAN 通过特定的交换机端口和路由器特定的端口相连接，有多少个 VLAN，就有多少个端口连接路由器。这种方法适用于 VLAN 数量较少，而交换机和路由器的空闲端口较多的情况，随着 VLAN 数量增长，这种方法会大量占用路由器的端口。

可以使用单臂路由技术，二层交换机与路由器之间的链路配置为 Truck 链路，使得多个 VLAN 能够共享一条物理的线路与路由器相连。同时在路由器上创建子接口以支持 VLAN 之间路由。当某个 VLAN 去访问另外一个 VLAN 的时候，终端将数据报发给路由器对应的子接口（网关），网关会按照目的地进行路由转发，并对 VLAN ID 进行重写再发往目的地主机，如图 2-14 所示。

三层交换机是一种更好地实现 VLAN 之间通信的方法，所谓三层交换机，就是带有三层路由功能的交换机，可以在交换机内部实现端口之间的路由功能。通过在三层交换机上直接配置不同 VLAN 对应的端口和转发规则，不再需要路由器转发，如图 2-15 所示。

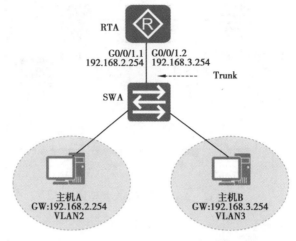

图 2-14   单臂路由,多 VLAN 共用一条路由连接

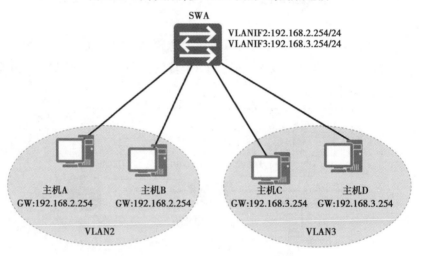

图 2-15   三层交换机处理 VLAN 通信

2.5.3   知识点 3:冗余链路与广播风暴

在以太网中,为了保证网络的稳定性,通常会使用冗余链路,比如两条以太网线缆连接两台交换机,但是冗余的线路会产生环路风险,导致广播风暴等故障现象。

如前文所述,交换机之间会通过 MAC 地址进行数据转发,如图 2-16 所示,当 PC1 向 PC2 发送了一个数据帧,那么该数据帧中的目标 MAC 地址部分应该是 PC2 网卡的 MAC 地址。整个过程包括如下的步骤:

①交换机 SW1 收到发往 PC2 的数据帧,然后查找 MAC 地址表,根据 MAC 地址表中记录的 MAC,从 GE0/0/1 口向外转发给 SW2 的 GE0/0/1。

②SW2 的 GE0/0/1 接收到了此数据帧,根据目标 MAC 地址,继续向自己的 E0/0/1 端口转发数据帧。

③PC2 收到来自 SW2 转发的数据帧,发现目标 MAC 地址就是自己,PC2 就对该数据帧进行处理,解包后交应用层进行数据使用。

此时为了提高网络的可靠性加入链路冗余(图 2-17),但加入冗余后的以太网链路将出现环路,会引起广播风暴、MAC 地址表崩溃等严重后果。

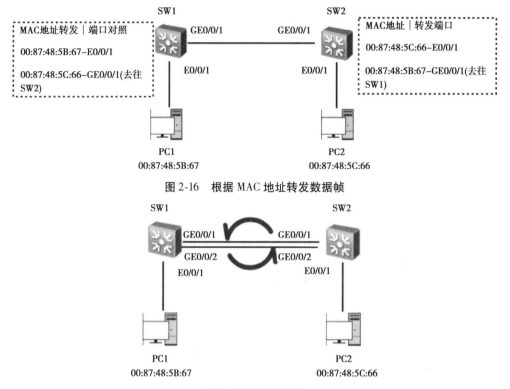

图 2-16　根据 MAC 地址转发数据帧

图 2-17　交换环路

(1)问题 1：广播风暴的发生

如图 2-18 所示,交换机 SW1 和 SW2 通过两条链路 GE0/0/1 和 GE0/0/2 相连。根据交换机转发的规则,当 PC1 向 SW1 发送广播帧时,SW1 会向除了源端口 E0/0/1 以外的所有端口复制并发送广播包。以 SW1 的 GE0/0/1 为例(实际上 GE0/0/2 也有完全相同的流程),SW1 的 GE0/0/1 端口会向 SW2 的 GE0/0/1 端口发出此广播包。当 SW2 的 GE0/0/1 端口得到广播包之后,SW2 会向除源端口的 GE0/0/1 以外的所有其他端口转发广播包。因此,SW2 上另外一个冗余端口 GE0/0/2 也会转发此广播包给 SW1 的冗余端口 GE0/0/2。SW1 的冗余端口 GE0/0/2 收到后,根据广播转发原则,SW1 的端口 GE0/0/1 会继续向 SW2 的端口 GE0/0/1 外发此数据包,因此形成死循环。

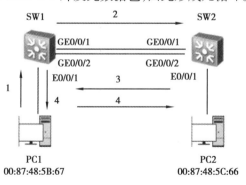

图 2-18　广播风暴

上述操作会使广播帧数量越来越多,导致链路拥堵,通信能力下降,也就是广播风暴。

(2)问题2:MAC 地址表的不稳定

如前文所说,每一个交换机开机之后,都会自动对网络中的 MAC 地址进行学习和记录。一个终端发送数据帧,经过交换机后,交换机就会记录该终端 MAC 地址和交换机端口的对应关系,计算机 PC1,MAC 地址为 88:46:AC:00:B2:56 ,和交换机 SW1 的 E0/0/1 端口相连。PC1 在访问外网时,向 SW1 发送数据帧,SW1 在第一次接到 PC1 数据帧时,更新如下信息:MAC 地址 88:46:AC:00:B2:56 来自端口 E0/0/1。

如果存在环路,交换机学习到的 MAC 地址记录也会是错误的或者不稳定的。如图4所示,当 PC1 第一次发送数据帧给 SW1 时,SW1 的 MAC 地址端口对照表是正确的,PC1 的 MAC 地址对照端口为 E0/0/1。由于 SW1 不知道 PC1 发送的数据帧目标 MAC 地址,SW1 会对数据帧从 GE0/0/1 转发给 SW2 的 GE0/0/1 进行询问,如果 SW2 恰巧也没有目的 MAC 的信息,SW2 会向除了 GE0/0/1 端口以外的其他端口进行询问,所以可能转发数据帧给 SW1 的 GE0/0/2,类似于现实中的广播找人。

当 SW1 收到来自 SW2 GE0/0/2 的数据帧,发现源 MAC 地址为 88:46:AC:00:B2:56 的数据帧来自 GE0/0/2,就会修改 MAC 端口对应表,这种错误的 MAC 地址和端口对应关系会一直维持,直到 PC1 再次发送数据帧给 SW1 为止,而一旦数据帧的目的 MAC 地址在 SW2 上不被识别,随着 SW2 向 SW1 的冗余端口询问 MAC 地址,错误的 MAC 地址及端口对照表会很快再次出现。

当 PC1 发送数据包到 SW1,MAC 地址表更新记录:

MAC 地址 88:46:AC:00:B2:56 来自端口 E0/0/1

当数据包从 SW2 的 GE0/0/2 端口传回 SW1,MAC 地址表记录更新:

MAC 地址 88:46:AC:00:B2:56 来自端口 G0/0/1

如此往复循环,MAC 地址表中 MAC 地址 88:46:AC:00:B2:56 的对应端口会不停变化,从而让访问该 MAC 地址的数据帧无法正常转发,如图 2-19 所示。

2.5.4 知识点4:链路聚合技术

随着网络规模的不断升级,网络使用者对网络的带宽和稳定性提出更高的要求,主流的网络优化方法主要有提升线路的硬件标准,比如对硬件进行升级,把互联线路从 1 GB 光纤连接线,提升为 10 GB。这样做需要很高的成本,对于核心网络的个别重要设备进行硬件升级是没有问题的,但是对于汇聚层交换机之间的互联,通过升级硬件来提升速率就显得过于昂贵。在这种情况下,链路聚合技术诞生了,它可以在不升级硬件的条件下,将交换机多个端口捆绑成一条高带宽的链路,同时通过几个端口进行链路负载均衡,既实现了网络的高速带宽,也保证了链路的冗余性。

链路聚合又叫作端口聚合,在华为系列交换机中称为 Eth-Trunk,是将一组同类型的

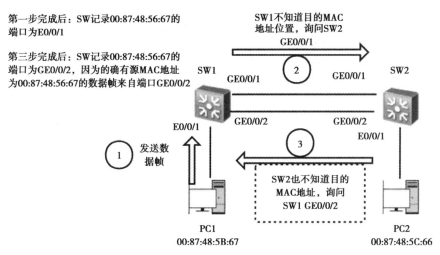

图 2-19　MAC 地址表不稳定

物理网络端口捆绑在一起形成一个逻辑上的聚合端口（Eth-Trunk）。该技术可有效减少单条链路故障引起的断网问题。数据包通过捆绑好的逻辑链路进行传输。

链路聚合的优点包括：

①增加了网络的链路带宽。可以将多条链路聚合成一条高速链路，有效提升带宽和稳定性。

②提高了链路的可靠性。链路聚合的端口可以实时查看各个内部端口的状态，从而实现端口之间的自动容灾备份，在聚合链路中，只要还有一条线路活动，整个聚合链路就不会断开。

链路聚合的实现主要有如下两种方法：

①手工模式的链路聚合。在手工模式下链路聚合的创建，成员端口的加入都由手工控制完成，不涉及自动链路聚合控制协议 LACP（在 LACP 链路聚合中会有详细讲解）。手工模式链路聚合主要用于互联设备不支持 LACP 的场景。例如，高访问量的双万兆网卡服务器在连入万兆（10000 MB）交换机时，由于服务器本身不支持 LACP，通常是由服务器端手工对网卡进行 Trunk 配置的。

②LACP 模式链路聚合。作为链路聚合技术，手工模式 Eth-Trunk 操作可以完成基本的功能，将多个物理端口聚合成一个聚合端口来提高带宽，同时能够实现其中某个端口无法工作后的流量转移，但是手工 Eth-Trunk 不够灵活，无法自动检查链路层故障并进行相应优化。

为了提高 Eth-Trunk 的容错性能，保证成员链路高可用性，可以使用链路聚合控制协议 LACP。LACP 为交换数据的设备提供了标准的协商方式，支持参与设备根据自身的网络连接和端口情况自行生成聚合链路并启动链路进行数据收发。LACP 会自动对整个链路状态进行维护、优化或者解散聚合链路。

如图 2-20 所示，在手工模式下将三条链路进行聚合，组成一个 Eth-Trunk，当其中一台线路错误地和一台链路聚合之外的交换机相连时，手工模式的链路聚合无法进行检测

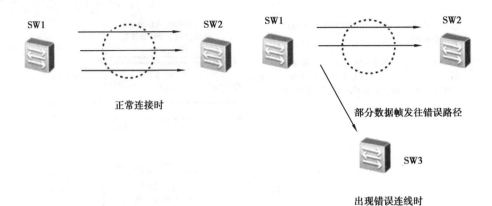

图 2-20　错误转发

（在企业网络运维中，连线错误是最常见的问题，排查物理结构是否符合拓扑结构也是网络工程师日常的工作）。

但是如果在 SW1 和 SW2 上启用了 LACP 协议，经过协商后，Eth-Trunk 会发现问题，并选择正确连接的链路进行数据转发。

2.5.5　知识点 5：生成树协议 STP

（1）STP 概述

适当冗余的网络是必要的，当网络中某一条线路发生故障时，冗余网络提供了高可用性。但是环路所引起的问题通常比较严重，无论是广播风暴，还是不稳定的 MAC 地址表，都会严重降低网络可用性。因此，需要使用 STP 协议来解决环路问题。

利用 STP 可以在冗余的网络中构造一个没有环路的路径树，实现链路备份和路径优化。如图 2-21 所示，STP 通过阻断冗余链路来消除桥接网络中可能存在的路径回环，当前路径发生故障时，激活冗余备份链路，恢复网络连通性。

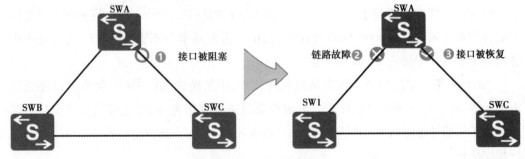

图 2-21　STP 的作用

要掌握 STP 协议的工作原理，我们需要知道与 STP 协议相关的一些概念和术语。

1）桥 ID（Bridge ID）

在以太网二层定义里，使用 Bridge ID 来描述网络里的交换机。一个 Bridge ID 由两部分组成，前 16 位表示交换机的优先级，后 48 位则表示交换机的 MAC 地址，Bridge ID 可以人为设定，如图 2-22 所示。

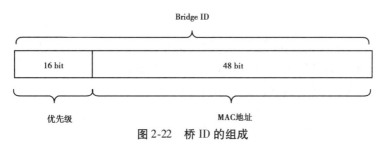

图 2-22 桥 ID 的组成

2）根桥（Root Bridge）

根桥是 Bridge ID 最小的交换机，可以理解成路径树的根。从 STP 协议来看，网络中所有交换机必须选出一个公认的根桥，然后其他交换机和端口的定义，都是以根桥为参考来实现的。除了根桥，其他的网络中的交换机都叫作非根交换机。

3）端口开销（Port Cost）

端口开销表示从该端口发送数据需要的消费值。STP 协议规定，从一个端口接收数据是没有消费的，而发送数据会带来资源消耗（开销）。交换机的每一个端口都有端口开销值，端口的开销值和端口的带宽有关，带宽越高，消费越小。在华为系列交换机中，百兆交换机端口的开销值默认是 200。而路径的开销，就是数据转发路径经过的所有交换机端口的开销总和。

4）根端口（Root Port）

根端口（Root Port）表示从一个非根交换机到根桥的最小开销路径上会经过的本地端口，这个最小的开销值也称为交换机的根路径开销（Root Path Cost）。

5）指定端口（Designated Port）

STP 规定每个网段选出一个指定端口，指定端口负责为每个网段转发数据包。

6）阻塞端口（Alternate Port）

阻塞端口又称预备端口。在交换机上既不是根端口，又不是指定端口的端口被称作阻塞端口。阻塞端口不转发数据，处于阻塞状态，但是被阻塞的端口会监听 STP 帧，当链路出现故障后，阻塞端口会参与生成树的重新计算，并决定是否承担数据包的转发任务。

7）端口 ID（Port Identifier）

端口 ID 用于表示交换机上不同端口。如图 2-23 所示，端口 ID 一共由 16 位组成，有多种定义方法，常见的定义方法是最高 4 位是端口优先级，后 12 位是端口编号。

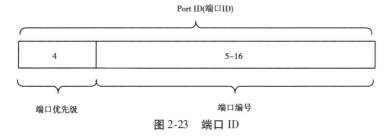

图 2-23 端口 ID

8）网桥数据单元（BPDU）

承载交换机之间 STP 信息交换的数据报称为网桥数据单元，主要包括下面 4 个

参数:

    ● Root Identifier:发送此配置 BPDU 的交换机所认为的根交换机的交换机标识。

    ● Root Path Cost:从发送此配置 BPDU 的交换机到达根交换机的最短路径总开销,含交换机根端口的开销,不含发送此配置 BPDU 的端口的开销。

    ● Bridge Identifier:发送此配置 BPDU 的交换机的交换机标识。

    ● Port Identifier:发送此配置 BPDU 的交换机端口的端口标识。

(2)STP 计算过程

STP 通过确定根桥、根端口、阻塞端口等,从而在有冗余链路的网络上计算出一个无环路的树形结构网络。

生成树的计算过程,首先进行根网桥的选举,其依据是网桥优先级(bridge priority)和MAC 地址组合生成的桥 ID,桥 ID 最小的网桥将成为网络中的根桥(bridge root)。在此基础上,计算每个节点到根桥的距离(路径开销),并由这些路径得到各冗余链路的代价,选择最小的成为通信路径(相应的端口状态变为 forwarding),其他的就成为备份路径(相应的端口状态变为 blocking)。

1)选举根桥

由于根桥是整个 STP 结构的最初始节点,所有的计算都是以根桥为参照,因此根桥的选举尤为重要。根桥选举参照如下方式:

当一个交换机在网络中启动时,都会认为自己是根桥,交换机会发送 BPDU 数据包给网络中其他交换机。根桥的选举会比较两部分,首先比较交换机的 STP 优先级(默认是 32768),优先级最小的就是根桥;如果拥有相同的优先级,那么就会继续比较交换机的MAC 地址,拥有最小 MAC 地址的交换机会被选举为根桥。

如图 2-24 所示,三台交换机没有修改默认优先级,都是 32768,因此 MAC 地址最小的 SWA 成了根桥。

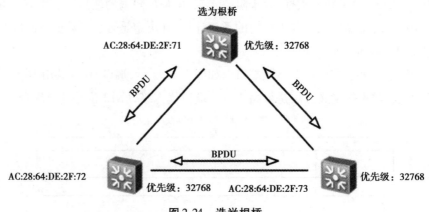

图 2-24　选举根桥

2)选举根端口

有了根桥作为基点,下一步各个交换机会选举根端口,根端口是某网络中到达根交换机网络开销最小的端口。端口开销在交换机的产品中都有明确的定义,如表 2-4 所示的是华为系列产品根据交换机端口速率具有不同的端口开销值。其他交换机产品的端口开销值可以查阅其产品手册。

表2-4 华为系列产品端口开销

端口速率	端口开销(Port Cost)
10 Mb/s	2 000
100 Mb/s	200
1 Gb/s	20
10 Gb/s	2

如图2-25所示,SWB去往根桥SWA有两条路径,分别是:
- SWB(GE0/0/1)-SWA(GE0/0/1)路径开销20。
- SWB(GE0/0/3)-SWC(GE0/0/3)-SWC(GE0/0/2)-SWA(GE0/0/2)路径开销40。

因此,SWB的两个端口中,GE0/0/1被选为根端口。同理,SWC的GE0/0/2也被选为根端口, 如图2-25所示。

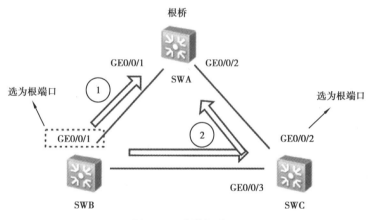

图2-25 选举根端口

3)确定指定端口

定义好了根端口,意味着从交换机到根桥的路径确定下来,但是两个交换机之间存在一个子网,子网中的终端需要选择从哪个交换机去访问根交换机,这个选定的交换机和子网的接口,就是指定端口。

当局域网LAN有多个交换机可以到达根桥的时候,通常按如下步骤来确定指定端口和阻塞端口。

①首先,STP会计算每个交换机到达根桥的路径开销,路径开销最少的交换机对应端口,就是指定端口。

②其次,如果恰好两边路径开销一样, LAN从SWB和SWC访问根桥的路径开销一样,这时候就需要比较两个交换机的桥ID,小的交换机对应端口选为指定端口。

③最后,如果交换机到根桥的开销相同,交换机标识也相同,则比较所连接端口的端口 ID,小的选为指定端口。

④网络路径中,除了指定端口和根端口,就是阻塞端口,或称为预备端口。

如图 2-26 所示,局域网 LAN 在发现有 SWB 和 SWC 两条路径可到达根桥时,进行了路径运算,发现 SWB 和 SWC 到根桥的路径开销相同,于是开始比较 SWB 和 SWC 的桥 ID,最终,SWB 由于桥 ID 小而胜出,SWB(GE0/0/3)被选为指定端口,而 SWC(GE0/0/3)被选为阻塞端口。

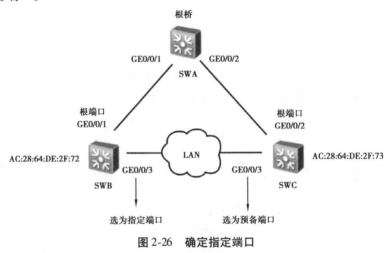

图 2-26　确定指定端口

2.6　能力训练

2.6.1　课堂实操 1:使用 eNSP 搭建模拟环境

在学习路由交换技术的过程中,实践必不可少,而由于网络的复杂性,真实的试验环境对于初学者而言十分难以搭建,并且需要高昂的成本。为此,很多网络设备供应商均根据自己生产的网络设备,开发出各类模拟器软件,供用户和学习者深入了解和实际操作网络设备。

本书以华为设备为基础实验设备,因此使用 eNSP 软件。eNSP 是一款由华为提供的免费的、可扩展的、图形化操作的网络仿真工具平台,主要对企业网路由器、交换机、防火墙等进行软件仿真,呈现真实设备实景,支持大型网络模拟,让学习者在没有真实设备的情况下能够模拟演练,学习网络技术。在 eNSP 中融合了 MCS、Client、Server、无线终端,可以支持组播测试、HTTP 测试、应用服务测试、无线测试等环境的搭建。

eNSP 具有如下显著的 4 个特点:

①图形化操作:eNSP 提供便捷的图形化操作界面,让复杂的组网操作起来变得更简单,可以直观感受设备形态,并且支持一键获取帮助和在华为网站查询设备资料。

②高仿真度:按照真实设备支持特性情况进行模拟,模拟的设备形态多,支持功能全

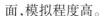

面,模拟程度高。

③可与真实设备对接:在 SDN(软件定义网络)的概念下,eNSP 配置好的虚拟网络可以与真实网卡绑定,实现模拟设备与真实设备的对接,组网更灵活。

④分布式部署:eNSP 不仅支持单机部署,同时还支持 Server 端分布式部署在多台服务器上。分布式部署环境下能够支持更多设备组成复杂的大型网络,从而更好地支持虚拟化环境。

(1)实训说明

掌握 eNSP 软件的基本使用方法,可以搭建基础网络测试环境,部署网络设备,连接网络线缆,并进行配置和调试。

(2)实训步骤

步骤一:打开 eNSP 软件。

在桌面上双击 eNSP 软件图标,如果弹出安全提示,选择允许,因为 eNSP 运行时会访问外部网络。

步骤二:进入 eNSP 软件,观察整体布局和功能。

左上角设备选型区,可以选择包括路由器、交换机、终端等 7 类不同网络设备,而选型区的下面,则是该类型网络设备中常用的型号。软件界面如图 2-27 所示。

图 2-27 软件界面

步骤三:新建拓扑图并立即保存。

在图 2-27 中,点击最左侧的按钮"新建拓扑",然后点击"保存"图标。最终保存文件的类型为.topo,这是 eNSP 的专用格式文件。

步骤四:添加接入层交换机 S3700 到拓扑图。

首先在设备类型选择中单击交换机图标,然后在下拉设备列表中找到 S3700,将 S3700 图标用拖拽方式放到右侧空白拓扑图上。

默认的交换机名称为 LSW1 和 LSW2,如果不小心放多了,可以通过删除图标删掉, 而点击工作区的 LWS1 字样,可以对交换机的名字进行修改,如图 2-28 所示。

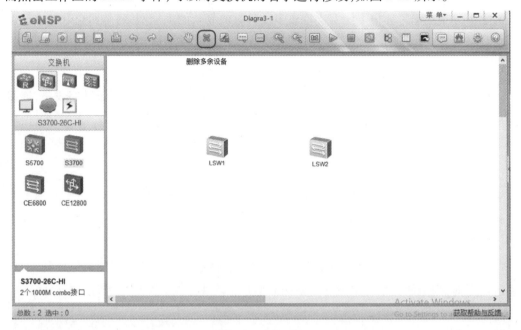

图 2-28 删除按钮

步骤五:观察设备的物理接口。

右键点击 LSW1,选择菜单"设置",如图 2-29 所示,在"视图"面板中,可以看到 S3700 的真实物理结构,S3700 是一种接入型 24 口交换机,除两个上联口为 1000 MB 的 以太网外,其余网口均为 100 MB,能够满足一般办公需要。S3700 也是 eNSP 软件中主要 的接入层交换机。

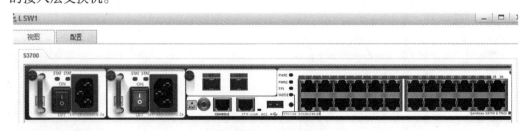

图 2-29 设备物理视图

步骤六:添加 LSW1 和 LSW2 的连线。

如图 2-30 所示,在设备类型选择上选择连线类(闪电符号),然后在下拉列表选择 Copper,Copper 类型代表以太网线缆。

保证 Copper 是选中状态后,点击 LSW1,会弹出 LSW1 所有可用端口列表,此处选择 第一个 Ethernet 0/0/1 接口,如图 2-30 所示。

选中 Ethernet 0/0/1 后,继续点击 LSW2,注意这里会有一条连接线随鼠标移动。在弹出的端口列表里同样选择 Ethernet 0/0/1。至此就完成了两个交换机的互联拓扑图,至于其他一些细节的操作,可以在后续训练中加以掌握。

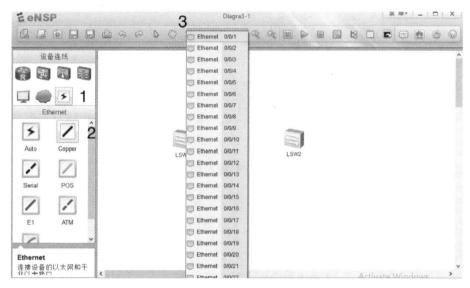

图 2-30　设备连线

2.6.2　课堂实操2:通过 MAC 地址获取网络信息

(1)实训说明

掌握二层交换机的基础配置方法。通过查看交换机 MAC 地址表,理解二层交换机工作原理。在实际工作中,能够通过查看 MAC 地址表,快速了解网络结构,绘制网络拓扑。

(2)实训步骤(华为设备)

步骤一:在 eNSP 模拟器中添加交换机和计算机,如图 2-31 所示连接后,启动所有设备。

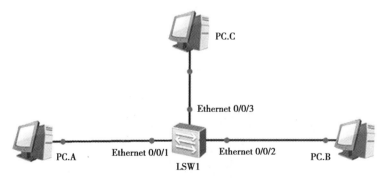

图 2-31　网络连接图

步骤二:在模拟器中配置的三台 PC 的 IP 地址分别为 192.168.1.1/24、192.168.1.2/24、192.168.1.3/24。记住其 MAC 地址,如图 2-32 所示。

图 2-32　设置 PC 的 MAC 地址

步骤三:在交换机的 CLI(命令行界面)中输入如下命令。

\<Huawei>system-view	//进入系统视图
[Huawei]sysname Switch	//设备命名
[Switch]display mac-address	//查看交换机 MAC 地址表

以上命令的详细说明,可查阅对应厂商的配置手册。

知识点:

华为交换机和路由器常见的配置视图包括用户视图、系统视图、接口视图、路由协议视图等。在不同视图中可以完成不同的配置任务,大多数命令只能在特定的配置视图中执行,因此务必随时关注自己位于哪个配置视图中。

①用户视图:用户从终端成功登录至设备即进入用户视图,在屏幕上显示:

\<HUAWEI>

在用户视图下,用户可以完成查看运行状态和统计信息等功能。

②系统视图:在用户视图下,输入命令 system-view 后回车,进入系统视图,在屏幕上显示:

[HUAWEI]

在系统视图下,用户可以完成设备配置任务。

步骤四:在三台 PC 的命令行窗口中,使用 Ping 命令相互测试连通性,如图 2-33 所示。

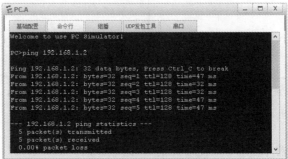

图 2-33　执行 Ping 命令

步骤五:返回交换机命令行界面,再次查看 MAC 地址表,如图 2-34 所示。

```
<Switch>display mac-address
MAC address table of slot 0:
--------------------------------------------------------------------------
MAC Address      VLAN/        PEVLAN CEVLAN Port            Type     LSP/LSR-ID
                 VSI/SI                                              MAC-Tunnel
--------------------------------------------------------------------------
5489-9854-086d   1            -      -      Eth0/0/1        dynamic  0/-
5489-98d7-1704   1            -      -      Eth0/0/2        dynamic  0/-
5489-9861-1928   1            -      -      Eth0/0/3        dynamic  0/-

Total matching items on slot 0 displayed = 3
```

图 2-34　查看 MAC 地址表

(3)实训步骤(锐捷、神州数码设备)

HOSTNAME>enable	//进入特权模式
HOSTNAME#configure terminal	//进入全局配置模式
HOSTNAME(config)#enable secret abcdefg	//配置 enable 密码为 abc-defg
为了便于对设备的维护,需要设置设备的 telnet 用户名和密码,配置如下:	
HOSTNAME(config)#username HostName password HostName	//全局模式下,配置一个用户名和密码都是 HostName 的用户
HOSTNAME#show running-config	//查看交换机配置
HOSTNAME#show mac	//查看交换机 mac 地址表

知识点:

思科、中兴、DCN、锐捷等设备厂商交换机和路由器常见的配置模式包括普通用户模式、特权用户模式、全局配置模式、接口模式、路由协议模式等。和华为、H3C 的设备一样,在不同视图中可以完成不同的配置任务,大多数命令只能在特定的配置视图中执行。

①特权用户模式:

用户从终端成功登录至设备即进入用户视图,在屏幕上显示:

HOSTNAME#

在特权用户模式下,用户可以完成查看运行状态和统计信息等功能。

②全局配置模式:

在特权用户模式下,输入命令 configure terminal 后回车,在屏幕上显示:

HOSTNAME(config)

在全局配置模式下,用户可以完成设备配置任务。

(4)拓展建议

在网络管理人员的帮助下查看机房交换机的 MAC 地址表。

> **思考**
>
> 根据 MAC 地址表判断自己的计算机连接在交换机哪个端口上。
>
> 答案:_____

2.6.3 课堂实操3:配置1台交换机的 VLAN

(1)实训说明

通过1台交换机的 VLAN 配置,进一步熟练 eNSP 操作,熟练网络设备的配置方法和基础命令。

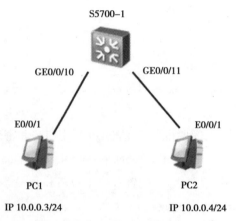

图 2-35 网络连接图

如图 2-35 所示为基础的拓扑图。作为网络工程师,在现场实施之前,需要提前拿到网络拓扑图(带有端口号和线缆类型),再依照规划进行现场部署。根据拓扑图,可以得到如表 2-5 所示的设备和连接信息。

表 2-5 设备和连接信息

设备名称	接口	接口分类	VLAN 信息	IP 地址(opt)
S5700-1	GE0/0/10	Access	VLAN 3	
	GE0/0/11	Access	VLAN 3	
	GE0/0/12	Access	VLAN 4	
PC1	E0/0/1	N/A	N/A	10.0.0.3/24
PC2	E0/0/1	N/A	N/A	10.0.0.4/24

(2)实训步骤

步骤一:在 eNSP 中参照部署拓扑图,完成仿真拓扑图的设计。

按照上述部署拓扑图,在 eNSP 中创建测试环境,放置一台 S5700 交换机、2 台 PC,其中 PC 设备可以从终端类型窗口中选择 PC,找到对应的 PC 图标,然后拖入拓扑图中即可。

将 S5700-1 的 GE0/0/10 端口与 PC1 相连,S5700-1 的 GE0/0/11 端口与 PC2 相连,具体的线缆连接操作可以参考上一小节。

步骤二:配置 S5700-1 的 VLAN。

启动 S5700-1 和 PC,双击 S5700-1 图标,进入命令行模式(也可以右键单击 S5700-1 图标,选择 CLI)。在 S5700-1 的命令行中,执行如下指令:

进入系统视图。

```
<Huawei> system-view
Enter system view, return user view with Ctrl+Z.
```

检查默认 VLAN,默认情况下交换机会有一个 VLAN ID 为 1 的默认 VLAN。

```
<Huawei> display vlan
VID   Status   Property        MAC-LRN Statistics Description
--------------------------------------------------------------
1     enable  default         enable   disable     VLAN 0001
```

创建 VLAN 3,格式为 VLAN + VLAN ID(VLAN ID 为 1-4094 中任意整数),创建后自动进入 VLAN 3 管理视图。观察命令行提示符发生的变化。

```
[Huawei] Vlan 3
[Huawei-vlan3]quit
```

退出 VLAN 3 管理模式:输入 quit 并回车。

重复上述两步,用同样的方法创建 VLAN 4,并退出 VLAN 4 管理模式。

查看 VLAN 的情况,确认 VLAN 0003 和 VLAN 0004 已经创建。

```
[Huawei] display vlan
VID   Status   Property        MAC-LRN Statistics Description
--------------------------------------------------------------
1     enable  default         enable   disable     VLAN 0001
3     enable  default         enable   disable     VLAN 0003
4     enable  default         enable   disable     VLAN 0004
```

此时在 S5700-1 上有了 VLAN 3 和 VLAN 4,但是没有定义端口,根据拓扑部署图,先把 GE 0/0/10 编入 VLAN 3。

进入 GE0/0/10 的管理模式,成功进入后命令行前缀会发生变化,注意观察。

```
[Huawei] interface GigabitEthernet 0/0/10
[Huawei-GigabitEthernet0/0/10]
```

配置端口 GE0/0/10 为 Access 类型,Access 类型的含义是,数据从此端口出去后就不带 VLAN 标签了,因此,该端口通常是用来连接终端计算机,或者只有一个 VLAN 设置的交换机。

> [Huawei-GigabitEthernet0/0/10] port link-type access

把 GE0/0/10 加入 VLAN 3。

> [Huawei-GigabitEthernet0/0/10]port default vlan 3

进入 GE0/0/11 的管理模式,同样把 GE0/0/11 加入 VLAN 3。

> [Huawei-GigabitEthernet0/0/10] interface GigabitEthernet 0/0/11
> [Huawei-GigabitEthernet0/0/11] port link-type access
> [Huawei-GigabitEthernet0/0/11]port default vlan 3

进入 GE0/0/12 的管理模式,把 GE0/0/12 加入 VLAN 4。

> [Huawei-GigabitEthernet0/0/11] interface GigabitEthernet 0/0/12
> [Huawei-GigabitEthernet0/0/12] port link-type access
> [Huawei-GigabitEthernet0/0/12]port default vlan 4

最后退出端口管理模式。

> [Huawei-GigabitEthernet0/0/12]quit

如图 2-36 所示,此时使用 display vlan 指令进行检查,即可看到配置的结果。

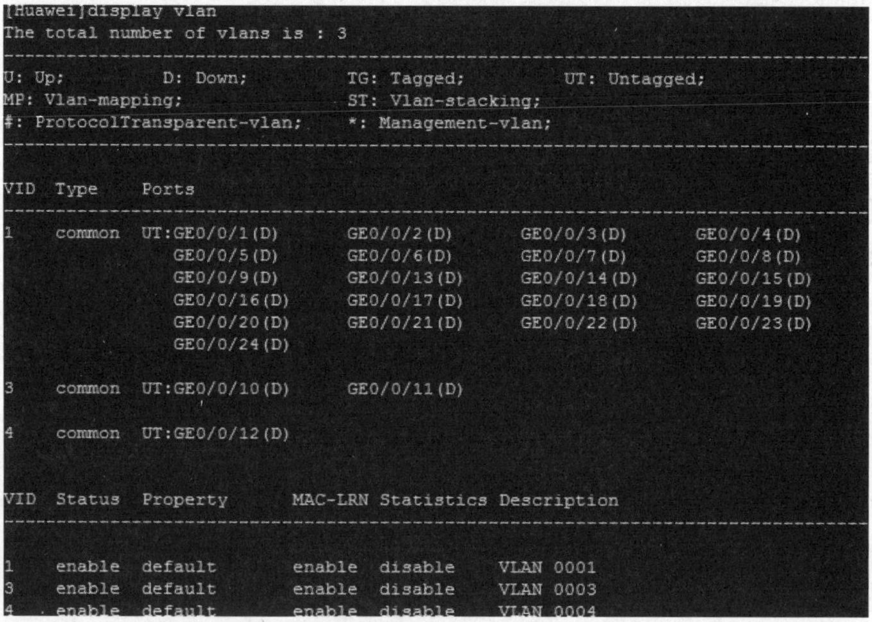

```
[Huawei]display vlan
The total number of vlans is : 3
--------------------------------------------------------------
U: Up;          D: Down;         TG: Tagged;        UT: Untagged;
MP: Vlan-mapping;                ST: Vlan-stacking;
#: ProtocolTransparent-vlan;     *: Management-vlan;
--------------------------------------------------------------

VID  Type    Ports

1    common  UT:GE0/0/1(D)      GE0/0/2(D)      GE0/0/3(D)      GE0/0/4(D)
                GE0/0/5(D)       GE0/0/6(D)      GE0/0/7(D)      GE0/0/8(D)
                GE0/0/9(D)       GE0/0/13(D)     GE0/0/14(D)     GE0/0/15(D)
                GE0/0/16(D)      GE0/0/17(D)     GE0/0/18(D)     GE0/0/19(D)
                GE0/0/20(D)      GE0/0/21(D)     GE0/0/22(D)     GE0/0/23(D)
                GE0/0/24(D)

3    common  UT:GE0/0/10(D)     GE0/0/11(D)

4    common  UT:GE0/0/12(D)


VID  Status  Property     MAC-LRN Statistics Description

1    enable  default      enable  disable    VLAN 0001
3    enable  default      enable  disable    VLAN 0003
4    enable  default      enable  disable    VLAN 0004
```

图 2-36   配置好的 VLAN

思考

图 2-36 中的"UT"标记代表什么含义?

答案:_____

步骤三:配置两台 PC 的网络。

双击 PC1 图标,按照图 2-37 所示的信息配置 IP 地址,然后点击"应用"进行保存。

注意:MAC 地址保持默认即可,无须修改。

图 2-37　配置 PC1

双击 PC2 图标,按照图 2-38 的信息配置 IP 地址,然后点击"应用"进行保存。

注意:MAC 地址保持默认即可,无须按照图 2-38 进行修改。

图 2-38　配置 PC2

将两台 PC 全部启动。分别双击 PC1 和 PC2,进入配置状态后选择"命令行",输入 ipconfig 指令,确认 PC 的配置完成,如图 2-39 所示。

图 2-39　确认配置

步骤四:进行同 VLAN 和不同 VLAN 的终端互联试验。

在 PC2 命令行中,使用 Ping 指令访问 PC1 IP 10.0.0.3,状态联通。同理在 PC1 命令行中 Ping PC2 IP 10.0.0.4 也是联通的,这就证明了在同一 VLAN 的两台设备是可以相互联通的。

```
PC>ping 10.0.0.3
Ping 10.0.0.3: 32 data bytes, Press Ctrl_C to break
From 10.0.0.3: bytes=32 seq=1 ttl=128 time=47 ms
From 10.0.0.3: bytes=32 seq=2 ttl=128 time=31 ms
From 10.0.0.3: bytes=32 seq=3 ttl=128 time=31 ms
From 10.0.0.3: bytes=32 seq=4 ttl=128 time=31 ms
From 10.0.0.3: bytes=32 seq=5 ttl=128 time=32 ms
```

步骤五:修改 PC2 和 S5700-1 的连线,将 PC2 接到 S5700-1 的 GE0/0/12 口,也就是 VLAN 4 的端口。

首先,在 eNSP 的拓扑图中删除 PC2 到 S5700-1 的连接,右键连线,然后选择"删除连接",如图 2-40 所示。

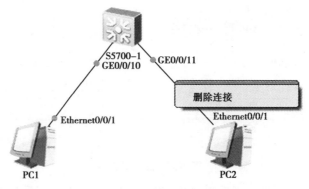

图 2-40　删除连线

然后,重新建立 PC2 到 GE0/0/12 口的连线。

此时,进入 PC2 的命令行界面,Ping PC1 的 IP 地址 10.0.0.3,由于 PC2 已经不在 VLAN3 里面了,因此结果是无法访问 PC1。

```
PC>ping 10.0.0.3
Ping 10.0.0.3: 32 data bytes, Press Ctrl_C to break
From 10.0.0.4: Destination host unreachable
From 10.0.0.4: Destination host unreachable
From 10.0.0.4: Destination host unreachable
From 10.0.0.4: Destination host unreachable
From 10.0.0.4: Destination host unreachable
```

思考

为什么 PC2 连接到 GE0/0/11 的时候可以访问 PC1,而连接到 GE0/0/12 口时却无法访问?

答案:_____

2.6.4　课堂实操4:配置2台交换机之间的 VLAN 互通

(1)实训要求

掌握多台交换机之间的 VLAN 互通配置方法,熟悉 Access、Trunk、Hybrid 不同类型端口的作用和配置方法,同时提高操作熟练度,在输入配置命令时,学习使用简写来提高输入效率,并结合 TAB 键补全和问号等方式来帮助尽快掌握各种配置命令。本环节不再细述每一步骤,大家可以结合厂商操作手册自行完成。

(2)实训说明

公司的两个部门都分散在办公区和生产区,设备和连接信息见表2-6,其中:

部门1在办公区和生产区各有6台计算机,使用两台交换机的端口1至端口10。

部门2在办公区和生产区各有6台计算机,使用两台交换机的端口11至端口20。

表2-6　设备和连接信息

设备名称	接口	接口分类	VLAN 信息	备注
S5700-1	GE0/0/1-10	Access 或 Hybrid	VLAN 10	部门1
	GE0/0/11-20	Access 或 Hybrid	VLAN 10	部门2
	GE0/0/24	Trunk 或 Hybrid	VLAN 1	允许转发 VLAN10 和 VLAN20
S5700-2	GE0/0/1-10	Access 或 Hybrid	VLAN 10	部门1
	GE0/0/11-20	Access 或 Hybrid	VLAN 10	部门2
	GE0/0/24	Trunk 或 Hybrid	VLAN 1	允许转发 VLAN10 和 VLAN20

注意:本练习是为了帮助掌握 VLAN 特性,因此 IP 地址配置为 192.168.1.1/24 到 192.168.1.4/24,在同一子网。而在实际工作中部门1和部门2应该使用不同子网。

拓扑图及连线参考图2-41。

(3)配置思路

①在交换机1上创建需要的 VLAN 10 和 VLAN 20。

②交换机1将端口1—10加入 VLAN 10,并允许转发 VLAN 10,转发时去掉标签。

③交换机1将端口11—20加入 VLAN 20,并允许转发 VLAN 20,转发时去掉标签。

④交换机1的端口24,允许同时转发 V10 和 V20,并且转发时保留标签。

⑤交换机2的配置和交换机1相同。

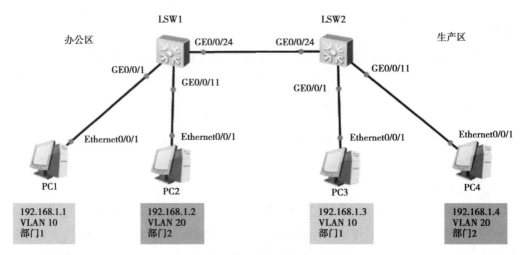

图 2-41　网络连接图

(4)完成基础配置和准备工作

使用命令 SYSNAME,将 LSW1 重命名为 SW1。

```
<Huawei>system-view
Enter system view, return user view with Ctrl+Z.
[Huawei]sysname SW1
[SW1]
```

将 LSW2 重命名为 SW2。

```
<Huawei>system-view
Enter system view, return user view with Ctrl+Z.
[Huawei]sysname SW2
[SW2]
```

在实际工作中,重命名设备是必须要做的,并且是首先要做的。为什么?

答案:_____

(5)使用 Hybrid 类型端口完成配置

参考命令如下:

```
[SW1]undo info-center enable    //关闭消息中心,待配置完成调试时再打开
Info: Information center is disabled.
[SW1]vlan batch 10 20      //批量创建 VLAN
Info: This operation may take a few seconds. Please wait for a moment... done.
[SW1]port-group 1         //建立端口组
```

[SW1-port-group-1]group-member g0/0/1 to g0/0/10 //将 1—10 端口加入端口组 1

[SW1-port-group-1]port hybrid pvid vlan 10 //端口组的所有端口加入 VLAN 10

[SW1-port-group-1]port hybrid untagged vlan 10
　　　　　//端口组的所有端口允许转发 VLAN 10 的帧,同时去标签

[SW1-port-group-1]quit

[SW1]port-group 2　　　　//请读者补充命令的说明( )

[SW1-port-group-2]group-member g0/0/11 to g0/0/20 //请读者补充命令的说明( )

[SW1-port-group-2]port hybrid pvid vlan 20 //请读者补充命令的说明( )

[SW1-port-group-2]port hybrid untagged vlan 20 //请读者补充命令的说明( )

[SW1-port-group-2]quit

[SW1]interface g0/0/24 //进入交换机互连端口的配置视图

[SW1-GigabitEthernet0/0/24]port hybrid tagged Vlan 10 20
　　　　　//允许同时转发 10 和 20 的数据帧,转发时保留标签
　　　　　//华为 S5700 交换机端口默认为 Hybrid 类型

[SW1-GigabitEthernet0/0/24]quit

思考

以上为 SW1 的配置命令,请参考补充 SW2 的配置命令。

答案:

大家会发现,由于提前进行了合理的 VLAN 和端口规划,两台交换机的配置完全一样。在实际工作中,多台交换机配置相同或相近时,可以先准备好命令脚本,然后直接复制粘贴。

两台交换机配置完成后,分别在交换机上查看结果如图 2-42 所示。

命令:display vlan

说明:从图中可以看出,VLAN 10 从端口 1—10 可以转发,转发时去标签;从端口 24 也可以转发,转发时保留标签。

思考

使用 Ping 命令测试 4 台计算机相互之间的连通性,PC1、PC2、PC3、PC4 相互之间的连通性如何? 为什么?

答案:

```
<SW1>display vlan
The total number of vlans is : 3
--------------------------------------------------------------------------------
U: Up;         D: Down;         TG: Tagged;         UT: Untagged;
MP: Vlan-mapping;               ST: Vlan-stacking;
#: ProtocolTransparent-vlan;    *: Management-vlan;
--------------------------------------------------------------------------------

VID  Type    Ports
--------------------------------------------------------------------------------
1    common  UT:GE0/0/1(U)      GE0/0/2(D)      GE0/0/3(D)      GE0/0/4(D)
                GE0/0/5(D)      GE0/0/6(D)      GE0/0/7(D)      GE0/0/8(D)
                GE0/0/9(D)      GE0/0/10(D)     GE0/0/11(U)     GE0/0/12(D)
                GE0/0/13(D)     GE0/0/14(D)     GE0/0/15(D)     GE0/0/16(D)
                GE0/0/17(D)     GE0/0/18(D)     GE0/0/19(D)     GE0/0/20(D)
                GE0/0/21(D)     GE0/0/22(D)     GE0/0/23(D)     GE0/0/24(U)

10   common  UT:GE0/0/1(U)      GE0/0/2(D)      GE0/0/3(D)      GE0/0/4(D)

                GE0/0/5(D)      GE0/0/6(D)      GE0/0/7(D)      GE0/0/8(D)
                GE0/0/9(D)      GE0/0/10(D)
             TG:GE0/0/24(U)

20   common  UT:GE0/0/11(U)     GE0/0/12(D)     GE0/0/13(D)     GE0/0/14(D)

                GE0/0/15(D)     GE0/0/16(D)     GE0/0/17(D)     GE0/0/18(D)
                GE0/0/19(D)     GE0/0/20(D)
             TG:GE0/0/24(U)

VID  Status  Property      MAC-LRN Statistics Description
--------------------------------------------------------------------------------

1    enable  default       enable  disable    VLAN 0001
10   enable  default       enable  disable    VLAN 0010
20   enable  default       enable  disable    VLAN 0020
```

图 2-42　查看 VLAN

(6)使用 Access 和 Trunk 类型端口完成配置

步骤一:在 eNSP 中重启 2 台交换机设备。

在用户视图下,使用 reboot 命令将 2 台交换机重启,以清空刚才的命令。

```
<SW1>reboot
Info: The system is now comparing the configuration, please wait.
Warning: All the configuration will be saved to the configuration file for the next startup:, Continue? [Y/N]:n          //此时输入 n,选择不保存配置
Info: If want to reboot with saving diagnostic information, input 'N' and then execute 'reboot save diagnostic-information'.
System will reboot! Continue? [Y/N]:y          //输入 y,确认重启交换机
```

说明:此次重启是为了清空设备配置,因此询问是否保存配置时,要选择否。

SW2 同样操作。

步骤二:配置 Access 和 Trunk 类型端口。

SW1 的参考命令如下:

```
<Huawei>system-view
Enter system view, return user view with Ctrl+Z.
[Huawei]sysname SW1
```

```
[SW1]un in en   //暂时关闭设备的信息提示功能
    //这里使用了简写,完整命令应该是(                )
Info: Information center is disabled.
[SW1]vlan batch 10 20
Info: This operation may take a few seconds. Please wait for a moment...done.
[SW1]port-group 1
[SW1-port-group-1]gr   // group-member 命令的简化写法,可以按 TAB 键补全
                       命令;也可以直接空格,并继续输入后面的参数
[SW1-port-group-1]group-member g0/0/1 to g0/0/10
[SW1-port-group-1]port link-type access
//华为S5700 交换机端口类型默认为 Hybrid,需要把端口 1—10 的类型改为 access
[SW1-port-group-1]port default vlan 10   //端口组中所有端口加入 VLAN 10
[SW1-port-group-1]quit
[SW1]port-group 2
[SW1-port-group-2]group-member g0/0/11 to g0/0/20
[SW1-port-group-2]port link-type access
[SW1-port-group-2]port default vlan 20
[SW1-port-group-2]quit
[SW1]interface g0/0/24
[SW1-GigabitEthernet0/0/24]port link-type trunk   //端口类型改为 Trunk
[SW1-GigabitEthernet0/0/24]port trunk allow-pass vlan 10 20
              //允许同时转发 10 和 20 的数据帧,转发时保留标签
[SW1-GigabitEthernet0/0/24]quit
```

SW2 的配置,除了设备命名,和 SW1 完全相同。

再次使用 display vlan 命令,可以发现查看结果和使用 hybrid 类型时是一致的。

(7)保存设备配置

退回用户视图,也就是<>状态。

可以使用 quit 命令逐级后退,或直接按"Ctrl+Z"快捷键。

输入保存配置命令 save。

```
<SW1>save         //在用户视图下执行 save 命令
The current configuration will be written to the device.
Are you sure to continue? [Y/N]y          //输入 y 确认要保存
Info: Please input the file name ( *.cfg, *.zip ) [vrpcfg.zip]:
                   //直接回车确认,使用默认文件名
Now saving the current configuration to the slot 0.
Save the configuration successfully.
```

(8)保存 eNSP 模拟器文件

如图 2-43 所示,点击工具栏的保存图标,将文件保存在计算机上,方便以后学习使用。

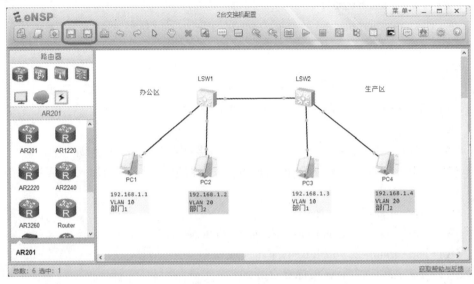

图 2-43 保存文件

熟练掌握各类命令的简写可以极大地提高工作效率。

> <Huawei>system-view
>
> <Huawei>sysname SW1
>
> [SW1]interface GigabitEthernet 0/0/24
>
> [SW1-GigabitEthernet0/0/24]port link-type trunk
>
> [SW1-GigabitEthernet0/0/24]port trunk allow-pass vlan 10 20

 思考

以上命令,还能简化到什么程度?

答案:

2.6.5 课堂实操 5:配置生成树

(1)实训说明

STP 协议通过冗余链路的方式提高了网络的可靠性。本实训要求掌握交换机 STP 配置的基础操作,能够按照业务要求自行设计和配置简单的生成树网络。

在处于环形网络中的交换设备上配置 STP 基本功能,典型配置包括:

①交换机上启用生成树协议。

②指定根桥和备份根桥设备。

③配置端口的路径开销值,实现将特定端口阻塞。

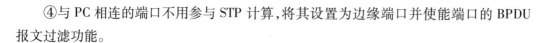

④与 PC 相连的端口不用参与 STP 计算,将其设置为边缘端口并使能端口的 BPDU 报文过滤功能。

(2)实训步骤(华为设备配置)

步骤一:在 eNSP 模拟器中添加交换机和计算机,连接后启动所有设备。

本环节规划 LSW1 作为主汇聚交换机,LSW2 作为备汇聚交换机,LSW3 为接入交换机,如图 2-44 所示。

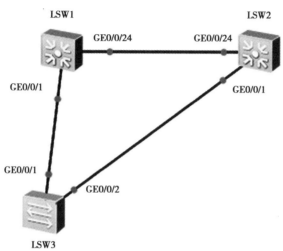

图 2-44　网络连接图

步骤二:配置设备的生成树协议工作在 STP 模式。

#LSW1 配置生成树协议工作在 STP 模式,并全局使能 STP。

```
<Huawei>system-view
[Huawei]sysname LSW1
[LSW1]stp mode stp
[LSW1]stp enable
```

#LSW2 配置生成树协议工作在 STP 模式,并全局使能 STP。

```
<Huawei>system-view
[Huawei]sysname LSW2
[LSW2]stp mode stp
[LSW2]stp enable
```

#LSW3 配置生成树协议工作在 STP 模式,并全局使能 STP。

```
<Huawei>system-view
[Huawei]sysname LSW3
[LSW3]stp mode stp
[LSW3]stp enable
```

注:华为交换机默认启用了生成树协议的 MSTP 模式。

步骤三:配置根桥和备份根桥设备

#配置 LSW1 为根桥。

[LSW1] stp root primary

#配置 LSW2 为备份根桥。

[LSW2] stp root secondary

步骤四:配置端口的路径开销值,实现将指定端口阻塞。

#配置 LSW3 交换机的 GE0/0/1 端口路径开销值为 30000。

[LSW3] interface GigabitEthernet 0/0/2
[LSW3-GigabitEthernet0/0/2] stp cost 30000

注:eNSP 模拟器中的交换机,其 GE 端口的生成树默认路径开销值为 20000。

步骤五:在接入交换机上将与 PC 机相连的端口设置为边缘端口,并使能端口的
BPDU 报文过滤功能。

#在 LSW3 上利用端口组方式对与 PC 相连的端口同时进行端口设置。

[LSW3] port-group group-member Ethernet 0/0/1 to Ethernet 0/0/22
[LSW3-port-group] stp edged-port enable   //设置为边缘端口
[LSW3-port-group] stp bpdu-filter enable   //使能端口的 BPDU 报文过滤功能

步骤六:验证生成树配置结果,如图 2-45 所示。

#在 LSW1 上执行 display stp brief 命令,查看端口状态和端口的保护类型,如图 2-45
所示。

```
<LSW1>display stp brief
 MSTID  Port                       Role  STP State   Protection
   0    GigabitEthernet0/0/1       DESI  FORWARDING  NONE
   0    GigabitEthernet0/0/24      DESI  FORWARDING  NONE
```

图 2-45 LSW1 的生成树信息

#在 LSW2 上执行 display stp brief 命令,查看端口状态和端口的保护类型,如图 2-46
所示。

```
<LSW2>display stp brief
 MSTID  Port                       Role  STP State   Protection
   0    GigabitEthernet0/0/1       DESI  FORWARDING  NONE
   0    GigabitEthernet0/0/24      ROOT  FORWARDING  NONE
```

图 2-46 LSW2 的生成树信息

#在 LSW3 上执行 display stp brief 命令,查看端口状态和端口的保护类型,如图 2-47
所示。

端口 GE0/0/2 在生成树选举中成为 Alternate 端口,处于 DISCARDING 状态。

图 2-47　LSW3 的生成树信息

 思考

请根据查看得到的信息,画出生成树的形状。

答案:

2.6.6　课堂实操6:配置链路聚合

(1)实训说明

某公司的办公室分别位于写字楼的 7 层和 9 层,由于楼层之间的研发部门互相访问包括大文件拷贝非常频繁,网络部门被要求提供足够的带宽来保证楼层之间的数据访问。由于预算有限,部署时间紧张,经过现场勘查发现:两楼层配线间的间距小于 50 m(以太网双绞线有效传输距离在 100 m 内),可以考虑采用聚合链路的方式来增加楼层交换机互联时的带宽。

作为网络设计者,根据上述特点,需要在两个楼层的接入交换机之间进行链路聚合,以实现网络带宽倍增。

(2)实训步骤

步骤一:根据如下部署拓扑图,创建 eNSP 中的仿真拓扑图,如图 2-48 所示。

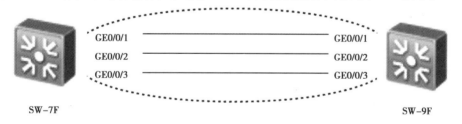

图 2-48　网络连接图

步骤二:在交换机上配置链路聚合。注意手工配置链路聚合和 LACP 链路聚合在配置方法上的区别,由于只有 2 台交换机,两种方法都是可行的。

方案 1:手工进行链路聚合配置。

启动 SW-7F,然后进入 CLI 命令行。

```
<Huawei>system-view
[Huawei]sysname SW-7F
[SW-7F]interface Eth-Trunk 10
```

#将 SW-7F 的 G0/0/1 到 G0/0/3 三个端口加入 Eth-Trunk 10。

```
[SW-7F-Eth-Trunk10]trunkport GigabitEthernet 0/0/1 to 0/0/3
[SW-7F-Eth-Trunk10]port link-type trunk
[SW-7F-Eth-Trunk10]port trunk allow-pass vlan all
```

#检查 Eth-Trunk10 的配置情况,如下为正常结果:

```
[SW-7F-Eth-Trunk10]display eth-trunk
Eth-Trunk10's state information is:
WorkingMode: NORMAL          Hash arithmetic: According to SIP-XOR-DIP
Least Active-linknumber: 1   Max Bandwidth-affected-linknumber: 8
Operate status: up           Number Of Up Port In Trunk: 3
-------------------------------------------------------------
```

PortName	Status	Weight
GigabitEthernet0/0/1	Up	1
GigabitEthernet0/0/2	Up	1
GigabitEthernet0/0/3	Up	1

启动 SW-9F,然后进入 CLI 命令行。

```
<Huawei>system-view
[Huawei]sysname SW-9F
[SW-9F]interface Eth-Trunk 10
```

#将 SW-9F 的 G0/0/1 到 G0/0/3 三个端口加入 Eth-Trunk 10。

```
[SW-9F-Eth-Trunk10]trunkport GigabitEthernet 0/0/1 to 0/0/3
[SW-9F-Eth-Trunk10]port link-type trunk
[SW-9F-Eth-Trunk10]port trunk allow-pass vlan all
```

#检查 Eth-Trunk10 的配置情况,如下为正常结果:

```
[SW-9F-Eth-Trunk10]display eth-trunk
Eth-Trunk10's state information is:
WorkingMode: NORMAL          Hash arithmetic: According to SIP-XOR-DIP
Least Active-linknumber: 1   Max Bandwidth-affected-linknumber: 8
Operate status: up           Number Of Up Port In Trunk: 3
-------------------------------------------------------------
```

PortName	Status	Weight
GigabitEthernet0/0/1	Up	1
GigabitEthernet0/0/2	Up	1
GigabitEthernet0/0/3	Up	1

方案2:LACP 自动链路聚合配置(注意,可以直接重启2台交换机,以清空配置)
启动 SW-7F,进入 CLI 命令行。

```
<Huawei>system-view
[Huawei]sysname SW-7F
[SW-7F]lacp priority 100 修改当前交换机的优先级,使它成为根交换机
[SW-7F]interface Eth-trunk 20
[SW-7F-Eth-Trunk20]mode lacp-static
[SW-7F-Eth-Trunk20]trunkport GigabitEthernet 0/0/1 to 0/0/3
```

#查看配置详细情况,因为 SW-9F 此时没有完成,所以"Operate Status"部分目前还是 down。

```
[SW-7F-Eth-Trunk20]disp eth-trunk 20
Eth-Trunk20's state information is:
Local:
LAG ID:20                          WorkingMode:STATIC
Preempt Delay:Disabled             Hash arithmetic:According to SIP-XOR-DIP
System Priority:100                System ID:4c1f-ccc5-2dfa
Least Active-linknumber:1          Max Active-linknumber:8
Operate status:down                Number Of Up Port In Trunk:0
--------------------------------------------------------------
ActorPortName          Status    PortType PortPri PortNo PortKey  PortState
GigabitEthernet0/0/1   Unselect1 GE       32768   2      5169     10100010  1
GigabitEthernet0/0/2   Unselect1 GE       32768   3      5169     10100010  1
GigabitEthernet0/0/3   Unselect1 GE       32768   4      5169     10100010  1
Partner:
--------------------------------------------------------------
ActorPortName          SysPri    SystemID          PortPri PortNo PortKey
GigabitEthernet0/0/1   0         0000-0000-0000    0       0      0
GigabitEthernet0/0/2   0         0000-0000-0000    0       0      0
GigabitEthernet0/0/3   0         0000-0000-0000    0       0      0
```

启动 SW-9F,进入 CLI 命令行。

```
<Huawei>system-view
[Huawei]sysname SW-9F
[SW-9F]interface Eth-trunk 20
[SW-9F-Eth-Trunk20]mode lacp-static
[SW-9F-Eth-Trunk20]trunkport GigabitEthernet 0/0/1 to 0/0/3
```

\#查看配置详细情况。

```
[SW-9F-Eth-Trunk20]disp eth-trunk 20
Eth-Trunk20′s state information is：
Local：
LAG ID：20                      WorkingMode：STATIC
Preempt Delay：Disabled          Hash arithmetic：According to SIP-XOR-DIP
System Priority：32768           System ID：4c1f-ccf4-7713
Least Active-linknumber：1       Max Active-linknumber：8
Operate status：up              Number Of Up Port In Trunk：3
------------------------------------------------------------
```

ActorPortName	Status	PortType	PortPri	PortNo	PortKey	PortState	Weight
GigabitEthernet0/0/1	Selected1	GE	32768	2	5169	10111100	1
GigabitEthernet0/0/2	Selected1	GE	32768	3	5169	10111100	1
GigabitEthernet0/0/3	Selected1	GE	32768	4	5169	10111100	1

Partner：（即为 SW-7F 对应的端口，优先级均为 100）

```
------------------------------------------------------------
```

ActorPortName	SysPri	SystemID	PortPri	PortNo	PortKey	PortState
GigabitEthernet0/0/1	100	4c1f-ccc5-2dfa	32768	2	5169	10111100
GigabitEthernet0/0/2	100	4c1f-ccc5-2dfa	32768	3	5169	10111100
GigabitEthernet0/0/3	100	4c1f-ccc5-2dfa	32768	4	5169	10111100

工作环节3
部署静态路由

3.1　工作要求

　　典型的三层网络结构中,汇聚层和核心层之间通常使用路由转发技术。合理规划设计数据的路由转发路径,是网络安全、流量控制的基础。网络工程师需要完成基础路由规划,为不同业务不同节点的数据流规划合理的转发路径。在网络调试和试运行阶段,通过路由表、路由跟踪工具等对路由进行排错和调优。

　　根据 A 公司新建大楼的网络建设需求,项目经理规划的网络拓扑如图 3-1 所示,其中的三层交换机和路由器之间都是通过路由方式来进行数据转发。由于网络规模相对简单,因此可以使用静态路由的方式来实现。

　　在本环节中主要完成 SW1、R1、R2 上的路由设计,并配置手工静态路由来验证路由设计的正确性,深入理解路由表与数据转发的关系。要求利用 ENSP 模拟器,配置和验证网络规划是否合理,同时编制设备配置脚本用于现场项目实施。网络拓扑如图 3-1 所示。

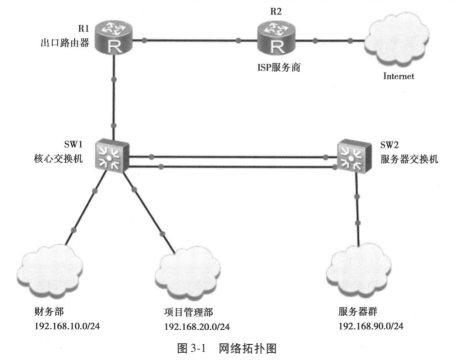

图 3-1　网络拓扑图

3.2 学习目标

①能够根据业务要求,完成小型局域网的 IP 地址分配。
②能够根据业务要求,正确配置静态路由和默认路由。
③能够通过查看路由表,确定数据转发路径。
④能够排查配置错误带来的网络连通性故障。
⑤做到设备配置规范,且符合质量标准。

3.3 工作准备

①按照设计方案和用户现场需求,完善 IP 地址规划和路由规划。
②根据用户需求和产品手册对比,对路由器和三层交换机进行软件版本升级。
③根据设备型号和软件版本,下载相应的操作手册。
④编制网络设备的配置脚本,并在模拟环境中进行测试。
⑤现场检查硬件安装情况,线缆连接、端口编号、设备状态等是否正确。
⑥如果是在运行中的业务网络,准备好应急回退预案。

3.4 工作实施

(1)细化设计方案

设计方案,包括设备连接表、VLAN 划分表、IP 地址规划表(图 3-1)等。

表 3-1 IP 地址规划表

设备命名	接口	IP 地址	用途
R1	GE0/0/1	10.1.1.2/30	路由器 R1 与交换机 SW1 互联
R1	GE0/0/0	16.16.16.1/24	路由器 R1 与 R2 互联
SW1	VLANIF 10	192.168.10.1/24	财务网关
SW1	VLANIF 20	192.168.20.1/24	项目管理部网关
SW1	VLANIF 100	192.168.100.1/24	设备管理地址网关
SW1	VLANIF 201	10.1.1.1/30	交换机 SW1 与路由器 R1 互联
SW1	VLANIF 202	10.1.1.5/30	交换机 SW1 与交换机 SW2 互联
SW2	VLANIF 90	192.168.90.1/24	服务器群网关
SW2	VLANIF 100	192.168.100.2/24	设备管理地址
SW2	VLANIF 202	10.1.1.6/30	交换机 SW1 与交换机 SW2 互联

续表

设备命名	接口	IP 地址	用途
SW3	VLANIF 100	192.168.100.3/24	设备管理地址
SW4	VLANIF 100	192.168.100.4/24	设备管理地址
DNS	eth0	192.168.90.100/24	DNS 服务器 IP

注:VLAN202 及其 IP 地址有时是可以省略的,直接使用 VLAN100 的 IP 地址来实现 SW1 和 SW2 之间三层互通和路由转发。但从规划设计的角度上来说,VLAN100 是管理地址,VLAN202 是互连地址,加以区分的话,更方便理解和后期维护。

思考

①为什么有的网段子网掩码长度设计成30,有的网段设计成24?

答案:＿＿＿＿＿＿＿＿＿＿＿＿＿＿＿＿＿＿＿＿＿＿＿＿

②如果要求使用 10.0.0.0/8 网段作为业务网段,172.16.0.0/16 网段作为设备互连网段,192.168.0.0/16 网段作为设备管理网段,那么对上面的 IP 地址规划表如何修改。

答案:＿＿＿＿＿＿＿＿＿＿＿＿＿＿＿＿＿＿＿＿＿＿＿＿

(2)搭建模拟环境,验证设计方案的可行性

①在交换机的 VLANIF 接口和路由器的 GE 接口上配置 IP 地址。

```
[SW1] interface Vlanif 10    //进入 VLANIF10 接口视图
[SW1-Vlanif10] ip address 192.168.10.1 24    //配置 IP 地址为 10
[SW1-Vlanif10] quit    //退出接口视图
[SW1] interface Vlanif 20    //进入 VLANIF20 接口视图
[SW1-Vlanif20] ip address 192.168.20.1 24    //配置 IP 地址为 20
[SW1-Vlanif20] quit    //退出接口视图
[SW1] interface Vlanif 100    //进入 VLANIF100 接口视图
[SW1-Vlanif100] ip address 192.168.100.1 24    //配置 IP 地址为 192.168.100.1/24
[SW1-Vlanif100] quit    //退出接口视图
[SW1] interface Vlanif 201    //进入 VLANIF201 接口视图
[SW1-Vlanif201] ip address 10.1.1.1 30    //配置 IP 地址为 10.1.1.1/30
[SW1-Vlanif201] quit    //退出接口视图
[SW1] interface Vlanif 202    //进入 VLANIF202 接口视图
[SW1-Vlanif202] ip address 10.1.1.5 30    //配置 IP 地址为 10.1.1.5/30
[SW1-Vlanif202] quit    //退出接口视图

[SW2] interface Vlanif 90    //进入 VLANIF90 接口视图
```

［SW2-Vlanif90］ip address 192.168.90.1 24   //配置 IP 地址为 192.168.90.1/24

［SW2-Vlanif90］quit   //退出接口视图

［SW2］interface Vlanif 100   //进入 VLANIF100 接口视图

［SW2-Vlanif100］ip address 192.168.100.2 24   //配置 IP 地址为 192.168.100.2/24

［SW2-Vlanif100］quit   //退出接口视图

［SW2］interface Vlanif 202   //进入 VLANIF202 接口视图

［SW2-Vlanif202］ip address 10.1.1.6 30   //配置 IP 地址为 10.1.1.6/30

［SW2-Vlanif202］quit   //退出接口视图

［SW3］interface Vlanif 100   //进入 VLANIF100 接口视图

［SW3-Vlanif100］ip address 192.168.100.3 24   //配置 IP 地址为 192.168.100.3/24

［SW3-Vlanif100］quit   //退出接口视图

［SW4］interface Vlanif 100   //进入 VLANIF100 接口视图

［SW4-Vlanif100］ip address 192.168.100.4 24   //配置 IP 地址为 192.168.100.4/24

［SW4-Vlanif100］quit   //退出接口视图

路由器 R1。

<Huawei>system-view   //进入系统视图

［Huawei］sysname R1   //修改设备名称为 R1

［R1］interface GigabitEthernet 0/0/0   //进入 Gi0/0/0 接口

［R1-GigabitEthernet0/0/0］ip address 16.16.16.1 24   //配置 IP 地址为 16.16.16.1/24

［R1］interface GigabitEthernet 0/0/1   //进入 Gi0/0/1 接口

［R1-GigabitEthernet0/0/1］ip address 10.1.1.2 30   //配置 IP 地址为 10.1.1.2/30

在 R2(模拟 Internet 设备)上配置 IP 地址。

<Huawei>system-view   //进入系统视图

［Huawei］sysname R2   //修改设备名称为 R2

［R2］interface GigabitEthernet 0/0/0   //进入 Gi0/0/0 接口

［R2-GigabitEthernet0/0/0］ip address 16.16.16.16 24   //配置 IP 地址为 16.16.16.16/24

②在核心交换机、出口路由器上使用"display ip interface brief"命令查看 IP 地址配置是否生效,以 SW1 为例。

```
［SW1］display ip interface brief
Interface                    IP Address/Mask          Physical      Protocol
MEth0/0/1                    unassigned               down          down
```

NULL0	unassigned	up	up(s)
Vlanif1	unassigned	up	down
Vlanif10	192. 168. 10. 1/24	up	up
Vlanif20	192. 168. 20. 1/24	up	up
Vlanif100	192. 168. 100. 1/24	up	up
Vlanif201	10. 1. 1. 1/30	up	up
Vlanif202	10. 1. 1. 5/30	up	up

③在路由器 R1、交换机 SW1、SW2 上配置静态路由。

[R1]ip route-static 0.0.0.0 0.0.0.0 16.16.16.16 //配置去往互联网的默认路由
[R1]ip route-static 192.168.0.0 255.255.0.0 10.1.1.1 //配置去往内网的静态路由

[SW1]ip route-static 0.0.0.0 0.0.0.0 10.1.1.2 //配置去往互联网的默认路由
[SW1]ip route-static 192.168.90.0 10.1.1.6 //配置去往服务器群网段的静态路由
[SW2]ip route-static 0.0.0.0 0.0.0.0 10.1.1.1 //配置服务器群去往其他网段的默认路由

[SW3]ip route-static 0.0.0.0 0.0.0.0 192.168.100.1 //配置 SW3 去往其他网段的默认路由
[SW4]ip route-static 0.0.0.0 0.0.0.0 192.168.100.1 //配置 SW4 去往其他网段的默认路由

思考

①R1 上去往内网的路由,目标地址为什么写作"192.168.0.0 255.255.0.0"?

答案:

②在 SW1 上为什么不需要配置去往财务部和项目管理部的静态路由?

答案:

③在 R1 的命令行中,分别执行以下命令,哪个能 Ping 通? 为什么?

ping 192.168.90.1

ping 10.1.1.6

答案:

④接入交换机 SW3、SW4 上配置的默认路由作用是什么?

答案:

(3)查看路由表

在 SW1 使用"display ip routing-table"命令查看路由表,填写到下面。

①[SW1]display ip routing-table

答案:

②简述路由表中不同路由项的含义和作用。

答案：

（4）以 SW1 为例在网络设备上配置 SSH 服务

基础 IP 地址配置完成后，就可以在设备上启用 Telnet 或 SSH 等远程管理服务，方便后续进行远程配置和调试。

```
[SW1]rsa local-key-pair create
Input the bits in the modulus[default = 512]:2048
      //创建 RSA 密钥,在此过程中需要填写 RSA 密钥长度为 2048
[SW1]stelnet server enable    //使能 stelnet 服务(开启 SSH)
[SW1]user-interface vty 0 4    //进入 VTY 用户界面
[SW1-ui-vty0-4]authentication-mode aaa    //配置 VTY 用户界面认证方式
为 aaa
[SW1-ui-vty0-4]protocol inbound ssh    //配置 VTY 用户界面支持 SSH
[SW1-ui-vty0-4]quit    //退出 VTY 用户界面
[SW1]ssh user admin    //创建 SSH 用户
[SW1]ssh user admin authentication-type password    //配置用户通过密码认证
[SW1]ssh user admin service-type stelnet    //配置用户可以使用 SSH 服务
[SW1]aaa    //进入 AAA 视图
[SW1-aaa]local-user admin password cipher Huawei123    //配置用户密码
[SW1-aaa]local-user admin service-type ssh    //配置用户可以使用 ssh 服务
[SW1-aaa]local-user admin privilege level 15    //配置用户等级为 15 级
[SW1-aaa]quit    //退出 AAA 视图
```

3.5　相关知识点

3.5.1　知识点 1:路由原理

（1）路由的概念

在基于 TCP/IP 模型的网络中,运行于网络层的路由技术是整个互联网得以互联互通的基础技术,管理和维护路由结构是网络工程师必不可少的入门技术。

不同网络互联,需要使用端到端分组传输协议(IP, Internet Protocol),同时也需要支持 IP 协议的网络设备——路由器(Router)。

如图 3-2 所示,通过路由的连接,不同网络连在一起组成一个可以互访的网络。路由两端可以是不同的接口,也可以是以太网线缆、光纤等,并且路由器两端通常有不同的 IP 地址网段。

通过路由器传输必须遵守如下规则：

①所有接入互联网的终端,都被分配一个 IP 地址。这个 IP 地址称为网络终端的逻

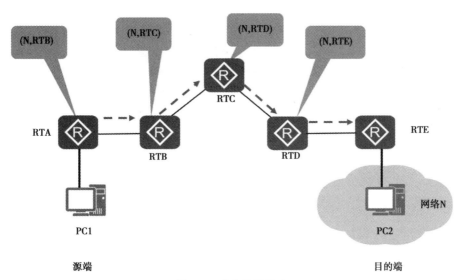

图 3-2 路由连接示意

辑地址,和以太网设备的物理地址(MAC)相对应。

②IP 数据包须遵循统一的数据格式。端到端的数据封装成 IP 分组,IP 分组中明确给出了源终端地址和目的终端地址。每一跳都通过 IP 分组携带的目的终端 IP 地址确定下一跳。

③对应每一个目的网络,每一跳设备上都必须有用于确定去往该目的网络的下一跳的信息,该信息称为路由项,主要包括 3 个部分:目的 IP 地址,输出端口和通往该终端路径上下一跳(下一个路由)的 IP 地址。路由设备上不同目的网络的路由项组合在一起,就称为路由表。

在路由机制中,网络数据包的传递就如同快递包裹的传递一样,从一个网络发送到另外一个网络,每一个路由器负责将数据包按最优路径向下一跳的路由器转发,最终通过多个路由器一站一站地接力把数据包发到目的地网络。如图 3-3 所示,是一次典型的路由器数据转发流程。

路由:路由器从一个接口上收到数据包,根据数据包的目的地址进行定向并转发到另一个接口的过程。路由器根据收到数据包中的网络层地址以及路由器内部维护的路由表决定输出端口以及下一跳地址,并且重写链路层数据包头实现转发数据包。

路由表:路由表或称路由择域信息库(RIB, Routing Information Base),是一个存储在路由器或者联网计算机中的电子表格(文件)或类数据库。路由表存储着指向特定网络地址的路径(在有些情况下,还记录有路径的路由度量值),路由表中含有网络周边的拓扑信息。路由表建立的主要目标是实现路由选择。

如图 3-4 所示,是某路由器上的路由表示例,每一行是一个路由项。路由表各列的内容分别是:目的地址/掩码、路由协议、优先级、度量值、下一跳地址、出接口。

从数据包的路径来看,路由器转发数据包依赖于路由表,因此后续的主要内容重点在于如何合理地维护和创建路由表。

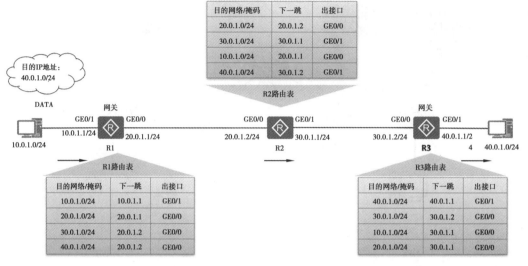

图 3-3 路由器数据转发流程

(2)路由表查找转发的方式

1)不同网段的主机通信

由于 ARP 协议采用广播机制,不能跨网段,因此不同 IP 网段的主机相互之间不能直接通信,必须经过网关等设备转发。当发送主机检测到需要把数据包发到远程网络时,目标 MAC 要写成网关的 MAC 地址发出去。当网关收到后,根据目的 IP 地址,通过路由技术寻找下一跳路由器,再把目标 MAC 地址改成下一个路由器的 MAC 地址发出去。

```
Destination/Mask   Proto    Pre  Cost        NextHop      Interface
0.0.0.0/32         Direct   0    0           127.0.0.1    InLoop0
9.9.9.3/32         Direct   0    0           127.0.0.1    InLoop0
9.9.9.202/32       IS_L1    100  2           11.0.0.9     GE0/0
9.9.9.203/32       IS_L1    100  1           11.0.0.9     GE0/0
9.9.9.205/32       O_INTRA  50   1           11.0.0.30    GE0/1
11.0.0.0/30        IS_L1    100  2           11.0.0.9     GE0/0
11.0.0.8/30        Direct   0    0           11.0.0.10    GE0/0
11.0.0.8/32        Direct   0    0           11.0.0.10    GE0/0
11.0.0.10/32       Direct   0    0           127.0.0.1    InLoop0
11.0.0.11/32       Direct   0    0           11.0.0.10    GE0/0
11.0.0.28/30       Direct   0    0           11.0.0.29    GE0/1
11.0.0.28/32       Direct   0    0           11.0.0.29    GE0/1
11.0.0.29/32       Direct   0    0           127.0.0.1    InLoop0
11.0.0.31/32       Direct   0    0           11.0.0.29    GE0/1
127.0.0.0/8        Direct   0    0           127.0.0.1    InLoop0
127.0.0.0/32       Direct   0    0           127.0.0.1    InLoop0
127.0.0.1/32       Direct   0    0           127.0.0.1    InLoop0
127.255.255.255/32 Direct   0    0           127.0.0.1    InLoop0
192.1.11.0/24      IS_L1    100  11          11.0.0.9     GE0/0
```

图 3-4 路由表示例

通常在计算机上配置的默认网关,就是本网段连接的路由设备的 IP 地址,可能是出口路由器,也可能是三层交换机。比如本工作环节中,可以认为财务部和项目管理部网络的网关就是核心交换机 SW1,服务器群网络的网关就是服务器交换机 SW2。

2)路由处理流程

路由器收到数据包后的路由处理流程如图 3-5 所示。

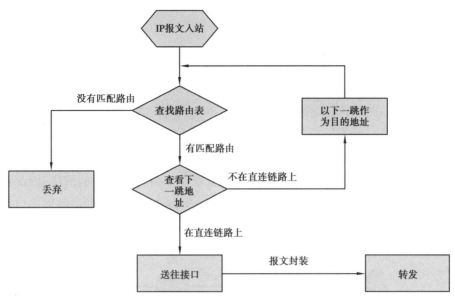

图3-5 路由器单跳操作

3）路由匹配计算

路由器收到需要转发的数据包后，首先提取数据包中的目标 IP 地址，与路由项中的"掩码"进行"与"计算，观察结果是否与路由项中的"目的地址"相同，如果不同则跳过，如果相同则列为备选路由。在对路由表中的所有路由项进行逐一计算后，挑选一个最优路径来转发数据。

那么，如何判断哪个路由项是最优路径呢？通常使用的是最长掩码优先原则，如图3-6所示。

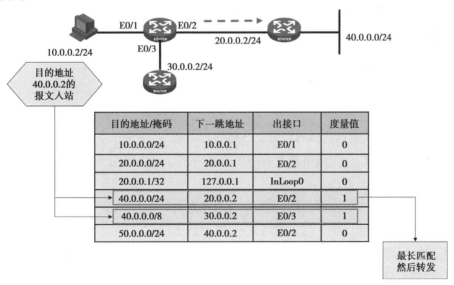

图3-6 最长掩码优先原则

当路由器收到目标 IP 为40.0.0.2的报文时，将40.0.0.2这个目标 IP 和所有路由项的掩码逐一进行"与"计算，发现有2个路由项的目的地址与计算结果相匹配。此时选择掩码为 24 位的路由项来转发报文。

4）默认路由

如图 3-7 所示,目标 IP 为 60.0.0.2 时,经过计算,只有掩码长度为 0 的路由项才匹配,掩码长度为 0 的路由项可以匹配任意目标 IP。同时,由于其掩码长度 0 是最短的,该路由项只能在最后使用,因此被称为默认路由,也常被称为缺省路由。

大家可以思考一下,图 3-7 中 R3 所连接的可能是什么网络呢?

R3 很可能是企业局域网的出口路由器,接入运营商后再连接到互联网,而 R1 和 R2 是企业内部路由器,连接企业内部网络。由于互联网上有无数不同的网段,因此在出口路由器上增加一条默认路由,就是必不可少的了。可以说几乎所有的局域网出口路由器上都有一条默认路由。

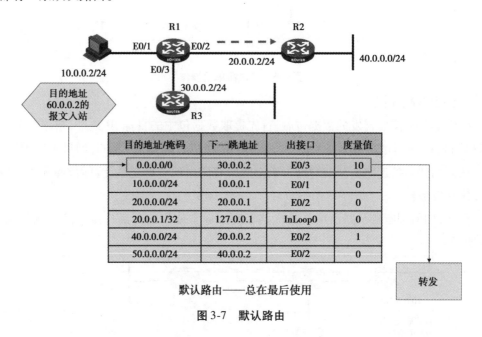

图 3-7　默认路由

3.5.2　知识点 2:路由的来源

路由项是指明数据包到目的网络下一跳路由器地址,以及从本路由器的哪个端口发出等路径信息的记录,一个路由器上的路由表是由多个路由项组成的。路由项根据路由来源不同,可以分成三类:

第一类:链路层协议发现的路由项,称为直连路由。

第二类:网络管理员手工配置的路由项,称为静态路由。

第三类:动态路由协议发现和保存到路由表中的路由项,称为动态路由。

通过对静态路由的学习和深入了解,可以帮助网络工程师更好地认识和理解路由概念,完成路由规划和维护排错工作,因此将静态路由放在本小节中进行学习。

（1）直连路由

在路由表中,通过链路层协议发现路由项非常简单,既不用管理员手工添加,也不必用动态路由协议去更新,而是通过路由器端口直接添加,一旦路由器启动并接入任意的二层网络,其链路层路由就会被自动添加到路由表。

如下的路由表,Proto 值为 Direct 的记录,就是通过链路层发现的路由项,链路层发现的路由项,只属于路由器端口所在子网,无法进行跨网络路由。

```
[Huawei]display ip routing-table
Route Flags：R - relay, D - download to fib
_____

Routing Tables：Public
            Destinations : 4        Routes : 4
Destination/Mask      Proto    Pre    Cost    Flags    NextHop          Interface
    10.1.1.0/30       Direct    0      0       D      10.1.1.2         GigabitEthernet0/0/1
    10.1.1.2/32       Direct    0      0       D      127.0.0.1        GigabitEthernet0/0/1
   16.16.16.0/24      Direct    0      0       D     16.16.16.1        GigabitEthernet0/0/0
   16.16.16.1/32      Direct    0      0       D      127.0.0.1        GigabitEthernet0/0/0
   127.0.0.0/8        Direct    0      0       D      127.0.0.1        InLoopBack0
   127.0.0.1/32       Direct    0      0       D      127.0.0.1        InLoopBack0
```

直连路由的优先级值为 0,是所有路由来源中优先级最高的。

大家还可以根据上面的路由表,尝试判断该路由器的接口 IP 地址和连接情况。

(2)静态路由

静态路由是通过管理员手工创建静态路由项,为数据包指明前进的方向(下一跳路由器地址)。其特点是无资源开销,配置简单,需人工维护,适合简单拓扑结构的网络。

例如,管理员通过如下指令创建静态路由,告知去往 192.168.0.0/16 网段的数据包,下一跳路由器是 10.1.1.1,并且从当前路由器的 GE0/0/1 端口发出:

```
ip route-static 192.168.0.0 16 10.1.1.1
```

创建成功后查看路由表,记录中增加的一条 Proto 为 Static 的记录,即是刚增加的静态路由。

Destination/Mask	Proto	Pre	Cost	Flags	NextHop	Interface
192.168.0.0/16	Static	60	0	RD	10.1.1.1	GE0/0/1

(3)动态路由协议产生的路由项

动态路由协议产生的路由是第三种路由来源,当网络规模变得庞大,手工维护静态路由的工作量就变得非常困难,几乎不可能完成。对于这种情况,就可以采用动态路由协议,通过动态路由协议来实现在网络中自动发现路由、自动修改路由。动态路由协议资源开销大,配置复杂,无须人工维护,适合复杂拓扑结构的网络。

下面是静态路由和动态路由协议使用的场景分析：

①静态路由：由于路由项主要由管理员指定，当路由发生任何变化，都需要管理员进行手工更新。静态路由适合简单、小规模的网络结构，不适合大中型企业的网络拓扑结构。

②动态路由：通过路由协议收集网络信息，当网络拓扑发生变化，路由器通过路由更新报文来自动更新路由信息，无须管理员手工干预，因此动态路由适用于大中型企业的网络拓扑。

常见的路由协议主要包括：路由信息协议（Routing Information Protocol，RIP），开放式最短路径优先协议（Open Shortest Path First，OSFP），开放系统到中间系统协议（Intermediate System to Intermediate System，IS-IS），边界网关协议（Border Gateway Protocol，BGP）。其中，OSPF 作为基于链路状态的协议，具有收敛快、路由无环、可扩展等优点，成为优秀的内部网关协议被快速接受并广泛使用；IS-IS 是基于 OSI 模型开发的协议，多应用于电信运营商级别；BGP 更适用于 AS（自治域）网络。

（4）路由优先级

如果到同一目的地址有多个路由来源，则通过 Preference（优先级）确定不同类型优先级。Preference 越小，优先级越高，优先级最高的路由才会被写入路由表。

例如，华为、新华三等厂商的路由器中，常见类型路由的默认优先级如表 3-2 所示。

表 3-2　默认优先级

路由类型	默认优先级
直连路由（Direct）	0
OSPF 内部路由协议	10
IS-IS 内部路由协议	15
静态路由（Static）	60
RIP 路由协议	100
OSPF 外部路由	150
BGP 路由	256

锐捷、神州数码、思科等厂商的路由器中，将路由优先级称为管理距离，也是数值越小优先级越高。常见类型路由的管理距离如表 3-3 所示。

表 3-3　管理距离

路由协议	管理距离
直连路由	0
使用出接口配置的静态路由	0
静态路由	1

续表

路由协议	管理距离
外部 BGP	20
OSPF	110
IS-IS 自治系统	115
RIP	120
内部 BGP	200

可以看出,静态路由和 OSPF 协议的优先级高低,不同厂商正好相反,在实际工作中碰到不同厂商的路由产品时,一定要注意区别。

不同路由类型的优先级或管理距离是可以通过管理员手工改变的,以此实现更灵活的选路策略。在网络规划设计中,如果同时使用到静态路由和 OSPF、BGP 等多个动态路由协议,路由表的来源将非常复杂,制订和实现路由选路策略非常困难,对管理人员的技术水平要求非常高。在中小型局域网中,建议最多只使用一种动态路由协议,如 OSPF。

3.6　能力训练

3.6.1　课堂实操1:三台路由器的静态路由配置

(1)实训说明

静态路由是指用户或网络管理员手工配置的路由信息。当网络的拓扑结构或链路状态发生改变时,需要网络管理人员手工修改静态路由信息。相比于动态路由协议,静态路由无须频繁地交换各自的路由表,配置简单,比较适合小型、简单的网络环境。

静态路由不适合大型和复杂的网络环境,因为当网络拓扑结构和链路状态发生变化时,网络管理员需要做大量的调整,且无法自动感知错误发生,不易排错。

默认路由是一种特殊的静态路由,当路由表中与数据包目的地址没有匹配的表项时,数据包将根据默认路由条目进行转发。默认路由在某些时候非常有效,如在末梢网络中,默认路由可以大大简化路由器配置,减轻网络管理员的工作负担。

(2)实训步骤

步骤一:根据如图 3-8 所示的拓扑部署图,设计 eNSP 仿真拓扑。在 eNSP 中,创建新的仿真拓扑图,注意事项如下:

- 在放置路由器时,选择通用路由器(名称为 Router)。
- 注意端口号按照图 3-8 所示一一对应。

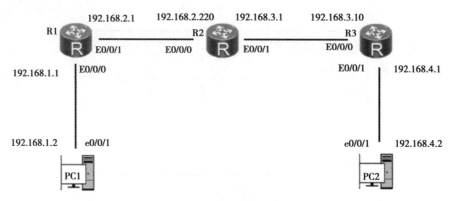

图 3-8　网络拓扑图

步骤二:启动所有设备。

步骤三:根据如下配置表(表 3-4),配置各个设备的网络属性。

表 3-4　网络配置表

设备名称	端口	IP	网关
PC1	E0/0/1	192.168.1.2	192.168.1.1
PC2	E0/0/1	192.168.4.2	192.168.4.1
R1	E0/0/0	192.168.1.1	—
	E0/0/1	192.168.2.1	—
R2	E0/0/0	192.168.2.2	—
	E0/0/1	192.168.3.1	—
R3	E0/0/0	192.168.3.2	—
	E0/0/1	192.168.4.1	—

　　首先配置两台 PC 的 IP 地址信息,右键点击 PC1 图标,选择"设置"菜单,参照图 3-9
进行配置,配置完成后点击"应用"进行保存。

　　同理,参照如图 3-10 所示配置 PC2 的参数,注意网关是 192.168.4.1。

　　此时,在 PC1 的命令行中,会发现 Ping PC2 的 IP 地址不通,原因是两台终端不在同
一个子网网段,彼此之间的网络又缺少路由表指路。

```
PC>ping 192.168.4.2

Ping 192.168.4.2:32 data bytes, Press Ctrl_C to break

From 192.168.1.2:Destination host unreachable

From 192.168.1.2:Destination host unreachable

From 192.168.1.2:Destination host unreachable

From 192.168.1.2:Destination host unreachable
```

　　步骤四:配置 PC1 到 PC2 的路径上的路由器的 IP 地址。

　　首先配置必要的 IP 信息和修改路由器名称。

图 3-9 PC1 配置

图 3-10 PC2 配置

配置路由器 R1:

```
#进入系统模式并修改名称
<Huawei>system-view
Enter system view, return user view with Ctrl+Z.
[Huawei]sysname R1
#配置 R1 路由器的 E0/0/0 端口 IP,也就是 PC1 对应的网关
[R1]int Ethernet 0/0/0
```

[R1-Ethernet0/0/0]ip address 192.168.1.1 24

#配置 R1 路由器的 E0/0/1 端口 IP

[R1-Ethernet0/0/0]q

[R1]int Ethernet 0/0/1

[R1-Ethernet0/0/1]ip address 192.168.2.1 24

#确认 IP 地址配置正确

[R1]disp ip interface brief

Interface	IP Address/Mask	Physical	Protocol
Ethernet0/0/0	192.168.1.1/24	up	up
Ethernet0/0/1	192.168.2.1/24	up	up

配置路由器 R2:

#进入系统模式并修改名称

<Huawei>system-view

Enter system view, return user view with Ctrl+Z.

[Huawei]sysname R2

#配置 R2 路由器的 E0/0/0 端口 IP

[R2]int Ethernet 0/0/0

[R2-Ethernet0/0/0]ip address 192.168.2.2 24

#配置 R2 路由器的 E0/0/1 端口 IP

[R2-Ethernet0/0/0]q

[R2]int Ethernet 0/0/1

[R2-Ethernet0/0/1]ip address 192.168.3.1 24

#查看配置是否正确

[R2]display ip interface brief

Interface	IP Address/Mask	Physical	Protocol
Ethernet0/0/0	192.168.2.2/24	up	up
Ethernet0/0/1	192.168.3.1/24	up	up

同理,配置路由器 R3:

#进入系统模式并修改名称

<Huawei>system-view

Enter system view, return user view with Ctrl+Z.

[Huawei]sysname R3

#配置 R3 路由器的 E0/0/0 端口 IP

［R3］int Ethernet 0/0/0

［R3-Ethernet0/0/0］ip address 192.168.232 24

#配置 R3 路由器的 E0/0/1 端口 IP

［R3-Ethernet0/0/0］q

［R3］int Ethernet 0/0/1

［R3-Ethernet0/0/1］ip address 192.168.4.1 24

#查看配置是否正确

［R3］disp ip interface brief

Interface	IP Address/Mask	Physical	Protocol
Ethernet0/0/0	192.168.3.2/24	up	up
Ethernet0/0/1	192.168.4.1/24	up	up

步骤五:在路由器上,添加相关的路由表项。

在 IP 等必要信息配置好之后,配置双向的静态路由。

配置路由器 R1 路由表:

#配置静态路由表项,要访问 PC2 所在的网段,下一跳是 R2 路由器的 IP

［R1］ip route-static 192.168.4.0 24 192.168.2.2

#查看正确的路由表

［R1］display ip routing-table

Route Flags: R - relay, D - download to fib

Routing Tables: Public

       Destinations : 7   Routes : 7

Destination/Mask	Proto	Pre	Cost	Flags	NextHop	Interface
127.0.0.0/8	Direct	0	0	D	127.0.0.1	InLoopBack0
127.0.0.1/32	Direct	0	0	D	127.0.0.1	InLoopBack0
192.168.1.0/24	Direct	0	0	D	192.168.1.1	Ethernet0/0/0
192.168.1.1/32	Direct	0	0	D	127.0.0.1	Ethernet0/0/0
192.168.2.0/24	Direct	0	0	D	192.168.2.1	Ethernet0/0/1
192.168.2.1/32	Direct	0	0	D	127.0.0.1	Ethernet0/0/1
192.168.4.0/24	Static	60	0	RD	192.168.2.2	Ethernet0/0/1

配置路由器 R2 路由表(双向都要配置):

#配置静态路由表项,要访问 PC2 所在的网段,下一跳是 R3 路由器的 IP

［R2］ip route-static 192.168.4.0 24 192.168.3.2

\#配置静态路由表项,要访问 PC1 所在的网段,下一跳是 R1 路由器的 IP

[R2]ip route-static 192.168.1.0 24 192.168.2.1

\#正确的 R2 路由表如下,两条 Proto 为 Static 的数据即为静态路由项

[R2]display ip routing-table

Route Flags：R - relay, D - download to fib

Routing Tables：Public

	Destinations：8		Routes：8			
Destination/Mask	Proto	Pre	Cost	Flags	NextHop	Interface
127.0.0.0/8	Direct	0	0	D	127.0.0.1	InLoopBack0
127.0.0.1/32	Direct	0	0	D	127.0.0.1	InLoopBack0
192.168.1.0/24	Static	60	0	RD	192.168.2.1	Ethernet0/0/0
192.168.2.0/24	Direct	0	0	D	192.168.2.2	Ethernet0/0/0
192.168.2.2/32	Direct	0	0	D	127.0.0.1	Ethernet0/0/0
192.168.3.0/24	Direct	0	0	D	192.168.3.1	Ethernet0/0/1
192.168.3.1/32	Direct	0	0	D	127.0.0.1	Ethernet0/0/1
192.168.4.0/24	Static	60	0	RD	192.168.3.2	Ethernet0/0/1

配置路由器 R3 路由表：

\#配置静态路由表项,要访问 PC1 所在的网段,下一跳是 R2 路由器的 IP

[R1]ip route-static 192.168.1.0 24 192.168.3.1

\#查看正确的路由表

[R3]display ip routing-table

Route Flags：R - relay, D - download to fib

Routing Tables：Public

	Destinations：7		Routes：7			
Destination/Mask	Proto	Pre	Cost	Flags	NextHop	Interface
127.0.0.0/8	Direct	0	0	D	127.0.0.1	InLoopBack0
127.0.0.1/32	Direct	0	0	D	127.0.0.1	InLoopBack0
192.168.1.0/24	Static	60	0	RD	192.168.3.1	Ethernet0/0/0
192.168.3.0/24	Direct	0	0	D	192.168.3.2	Ethernet0/0/0
192.168.3.2/32	Direct	0	0	D	127.0.0.1	Ethernet0/0/0
192.168.4.0/24	Direct	0	0	D	192.168.4.1	Ethernet0/0/1
192.168.4.1/32	Direct	0	0	D	127.0.0.1	Ethernet0/0/1

仔细观察,只有路由器 R2 需要配置双向路由,而 R1 和 R3 只需要配置对外的下一跳路由,因为任何数据包从 PC1 发送到 R1,或者从 PC2 发送到 R3 上,别无选择地会向一个方向转发。而数据包来到 R2 上,则可能有去往 R1 或者去往 R3 两条路,因此就需要配置双向路由。

步骤六:测试连通性。

打开 PC1 的命令行,执行 Ping 指令,观察是否可以 Ping 通 PC2,如图 3-11 所示。

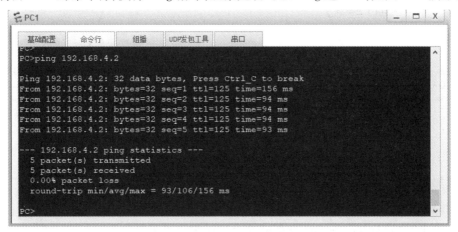

图 3-11　测试连通

同时运行 tracert 指令,查看从 PC1 到 PC2 的路由路径。

PC>tracert 192.168.4.2

traceroute to 192.168.4.2, 8 hops max

(ICMP), press Ctrl+C to stop

1　192.168.1.1　94 ms　<1 ms　31 ms

2　192.168.2.2　63 ms　31 ms　47 ms

3　192.168.3.2　78 ms　78 ms　63 ms

4　*192.168.4.2　110 ms　94 ms

参照上述步骤,在 PC2 上 Ping 通 PC1,并执行 tracert 指令。

思考

①此时 PC1 能 Ping 通 R3 的(192.168.3.10)吗? 为什么?

答案:

②如果 Ping 不通,需在什么设备上增加哪些配置?

答案:

3.6.2　课堂实操2:两台路由器的静态路由配置

(1)实训说明

某公司租用专线连接总部和分支机构,其拓扑图及连线如图 3-12 所示。通过配置静

态路由使 PC1 和 PC2 互通。要求不使用默认路由。(本环节不再细述每一步骤,大家可以结合厂商操作手册自行完成)

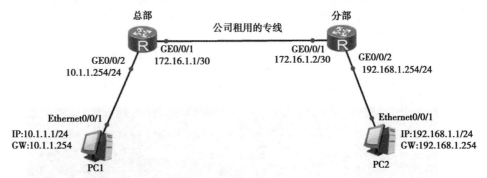

图 3-12　网络连接图

(2)完成基础配置和准备工作

总部路由器命名为"姓名全拼-RT1"。

分部路由器命名为"姓名全拼-RT2"。

分别使用"undo info-center enable"命令暂时关闭提示消息。

PC1 和 PC2 完成网络配置,包括 IP、掩码和网关。

(3)配置思路

①路由器上配置各接口的 IP 地址。

②路由器上分别配置静态路由,指向对端网段。

③在路由器上查看路由表是否正确。

④在 PC 上测试连通性,相互 ping 和 tracert。

(4)参考命令

在总部路由器上增加静态路由:

ip route-static 192.168.1.0 24 172.16.1.2

在分部路由器上增加静态路由:

ip route-static 10.1.1.0 24 172.16.1.1

路由器和 PC 的其他配置,请自行完成。

(5)查看并填写结果

①执行命令"display ip routing-table",并填写结果。

RT1:_____

RT2:_____

②在 PC1 上 ping PC2 测试连通性。

答案:_____

③在 PC1 上使用 tracert 命令,查看转发路径。

答案：

3.6.3　课堂实操3:配置 VLAN 间路由

(1)实训说明

不同的 VLAN 之间相互访问,在企业局域网是必需的,也是技术上可行的,只不过访问的数据不能通过数据链路层(二层交换机)直接访问,而是需要通过路由器或者三层交换机端口的路由功能,通过网络层来实现不同 VLAN 数据的转发和互相访问。

本实训通过配置路由访问,实现不同 VLAN 间的数据通信,并通过实际案例呈现一个基础的企业网络结构。

(2)实训步骤

步骤一:如图 3-13 所示,完成部署拓扑图和 eNSP 仿真拓扑图的设计。

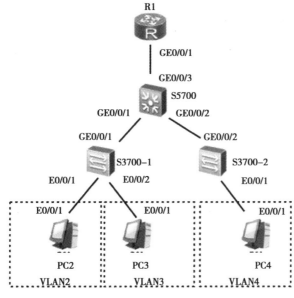

图 3-13　网络连接图

根据具体的信息,PC2 属于 VLAN2,PC3 属于 VLAN3,PC4 属于 VLAN4。具体的设计思路是:

①配置交换机 VLAN 的路由功能,使得 PC2,PC3 和 PC4 属于不同 VLAN,可以互相访问。

②配置 S5700 和 Router R1,使得所有的 PC 都可以访问 Router R1,来模拟实际情况下的 Internet 访问。

其中 VLAN 信息如下:

VLAN2—10.0.2.0/24

VLAN3—10.0.3.0/24

VLAN4—10.0.4.0/24

VLAN5—10.0.5.0/24

主要包含路由器,汇聚层交换机 S5700 和两台接入交换机 S3700 之间的互联端口。具体的配置参数如表 3-5 所示。

表 3-5　配置参数表

设备名称	接口	接口分类	VLAN 信息	IP 地址(opt)
S5700	GE0/0/3	Access	VLAN 5	
	GE0/0/1	Access	VLAN 5	
	GE0/0/2	Access	VLAN 5	
	VLANIF5	VLAN 网关	VLAN5	10.0.5.1/24
S3700-1	GE0/0/1	Access	VLAN5	
	E0/0/1	Access	VLAN2	
	E0/0/2	Access	VLAN3	
	VLANIF2	VLAN 网关	VLAN2	10.0.2.1/24
	VLANIF3	VLAN 网关	VLAN3	10.0.3.1/24
	VLANIF5	VLAN IP	VLAN5	10.0.5.2/24
S3700-2	GE0/0/2	Access	VLAN5	
	E0/0/1	Access	VLAN4	
	VLANIF4	VLAN 网关	VLAN4	10.0.4.1/24
	VLANIF5	VLAN IP	VLAN5	10.0.5.3/24
PC2	E0/0/1	N/A	VLAN2	10.0.0.2/24
PC3	E0/0/1	N/A	VLAN3	10.0.0.3/24
PC4	E0/0/1	N/A	VLAN4	10.0.0.4/24
Router1	GE0/0/1	Access	VLAN5	10.0.5.4/24

步骤二:根据步骤一的部署拓扑图,在 eNSP 中创建仿真拓扑图,并保存。

步骤三:配置 S3700-1。

启动 S3700-1,进入 cli 命令行界面,并修改名称为 S3700-1。

```
<Huawei>system-view
Enter system view, return user view with Ctrl+Z.
[Huawei]sysname S3700-1
[S3700-1]
```

创建所有必要的 VLAN。

```
[S3700-1]vlan batch 2 3 5
Info:This operation may take a few seconds. Please wait for a moment...done.
```

依次进入端口,并配置端口类型和 VLAN。

[S3700-1-vlan5]int e0/0/1 #把和 PC2 相连的端口,分配给 VLAN2

[S3700-1-Ethernet0/0/1]

[S3700-1-Ethernet0/0/1]port link-type access

[S3700-1-Ethernet0/0/1]port default vlan 2

[S3700-1-Ethernet0/0/1]int e0/0/2 #把和 PC3 相连的端口,分配给 VLAN3

[S3700-1-Ethernet0/0/2]port link-type access

[S3700-1-Ethernet0/0/2]port default vlan 3

[S3700-1]int g0/0/1 #把和 S5700 相连的端口,分配给 VLAN5

[S3700-1-GigabitEthernet0/0/1]port link-type access

[S3700-1-GigabitEthernet0/0/1]port default vlan 5

配置 VLAN 对应的 IP。

[S3700-1-GigabitEthernet0/0/1]int vlan 2

#设置 VLAN2 的网关为 10.0.2.1,也是 PC2 的网关。

[S3700-1-Vlanif2]ip add 10.0.2.1 24

[S3700-1-Vlanif2]int vlan 3

#设置 VLAN2 的网关为 10.0.3.1,也是 PC3 的网关。

[S3700-1-Vlanif3]ip add 10.0.3.1 24

[S3700-1-Vlanif3]int vlan 5

#设置 VLAN5 在 S3700-1 上的虚拟端口 IP。

[S3700-1-Vlanif5]ip add 10.0.5.2 24

[S3700-1-Vlanif5]q

配置静态路由(到 S3700 端口的任何访问,下一跳都是 S5700)。

[S3700-1]ip route-static 0.0.0.0 0.0.0.0 192.168.5.1

步骤四:启动 S3700-2,然后进入 cli 命令行界面,并修改名称为 S3700-2。

<Huawei>system-view

Enter system view, return user view with Ctrl+Z.

[Huawei]sysname S3700-2

[S3700-2]

创建所有必要的 VLAN。

[S3700-2]vlan batch 4 5

Info:This operation may take a few seconds. Please wait for a moment...done.

依次进入端口,并配置端口类型和 VLAN。

```
[S3700-2]int e0/0/1
[S3700-2-Ethernet0/0/1]port link-type access
#把和 PC4 相连的端口,分配给 VLAN4
[S3700-2-Ethernet0/0/1]port default vlan 4
[S3700-2-Vlanif4]int g0/0/2
[S3700-2-GigabitEthernet0/0/2]port link-type access
#把和 S5700 相连的端口,分配给 VLAN5
[S3700-2-GigabitEthernet0/0/2]port default vlan 5
```

配置 VLAN 对应的 IP。

```
[S3700-2]int vlan 4
#设置 VLAN2 的网关为 10.0.4.1,也是 PC4 的网关。
[S3700-2-Vlanif4]ip add 10.0.4.1 24
[S3700-2]int vlan 5
#设置 VLAN5 在 S3700-2 上的虚拟端口 IP。
[S3700-2-Vlanif5]ip add 10.0.5.3 24
[S3700-2-Vlanif5]q
```

配置静态路由(到 S3700 端口的任何数据,下一跳都是 S5700 的 VLAN5 IP 地址)。

```
[S3700-2]ip route-static 0.0.0.0 0.0.0.0 10.0.5.1
```

步骤五:启动 S5700,然后进入 cli 命令行界面,并修改名称为 S5700。

```
<Huawei>system-view
Enter system view, return user view with Ctrl+Z.
[Huawei]sysname S5700
```

创建所有必要的 VLAN,并配置端口和 IP。

```
[S5700]vlan 5
[S5700-vlan5]int vlan 5
#设置 S5700 上 VLAN5 的 IP 地址
[S5700-Vlanif5]ip add 10.0.5.1 24
#将和路由器 R1 相连的端口分配给 VLAN5
[S5700-Vlanif5]int g0/0/3
[S5700-GigabitEthernet0/0/3]port link-type access
[S5700-GigabitEthernet0/0/3]port default vlan 5
#将和路由器 S3700-1 相连的端口分配给 VLAN5
[S5700-GigabitEthernet0/0/3]int g0/0/1
```

```
[S5700-GigabitEthernet0/0/1]port link-type access
[S5700-GigabitEthernet0/0/1]port default vlan 5
#将和路由器 S3700-2 相连的端口分配给 VLAN5
[S5700-GigabitEthernet0/0/1]int g0/0/2
[S5700-GigabitEthernet0/0/2]port link-type access
[S5700-GigabitEthernet0/0/2]port default vlan 5
```

汇聚层交换机 S5700 的静态路由至关重要,这些配置决定了 VLAN 之间能够互访,也决定了企业的计算机终端可以顺利地访问 Internet。

```
#对于访问 VLAN2 的请求,转发到 10.0.5.2 也就是 S3700-1 上。
[S5700]ip route-static 10.0.2.0 255.255.255.0 10.0.5.2
#对于访问 VLAN3 的请求,转发到 10.0.5.2 也就是 S3700-1 上。
[S5700]ip route-static 10.0.3.0 255.255.255.0 10.0.5.2
#对于访问 VLAN4 的请求,转发到 10.0.5.3 也就是 S3700-2 上。
[S5700]ip route-static 10.0.4.0 255.255.255.0 10.0.5.3
#对于其他上网需求,转发到路由器接口上。
[S5700]ip route-static 0.0.0.0 0.0.0.0 10.0.5.4
```

步骤六:到目前为止,两台 S3700 和一台 S5700 已经配置完成了,接下来配置 PC,网络信息如下:

```
PC2:
IP 10.0.2.2
Netmask:255.255.255.0
Gateway:10.0.2.1
PC3:
IP 10.0.3.2
Netmask:255.255.255.0
Gateway:10.0.3.1
PC4:
IP 10.0.4.2
Netmask:255.255.255.0
Gateway:10.0.4.1
```

步骤七:至此,VLAN2、VLAN3、VLAN4 可以通过路由转发进行互通了,以 PC2 为例,通过 Ping 指令,可以访问 PC3 和 PC4。

PC>ipconfig

Link local IPv6 address...........: fe80::5689:98ff:fea0:29fa

IPv6 address....................: :: / 128

IPv6 gateway....................: ::

IPv4 address....................: 10.0.2.2

Subnet mask....................: 255.255.255.0

Gateway.......................: 10.0.2.1

Physical address.................: 54-89-98-A0-29-FA

DNS server....................:

PC>ping 10.0.3.2

Ping 10.0.3.2: 32 data bytes, Press Ctrl_C to break

From 10.0.3.2: bytes=32 seq=1 ttl=127 time=63 ms

From 10.0.3.2: bytes=32 seq=2 ttl=127 time=47 ms

PC>ping 10.0.4.2

Ping 10.0.4.2: 32 data bytes, Press Ctrl_C to break

From 10.0.4.2: bytes=32 seq=2 ttl=125 time=94 ms

From 10.0.4.2: bytes=32 seq=3 ttl=125 time=62 ms

 思考

①在 S5700 交换机上查看路由表,并填写在下面。

答案:

②在 S3700-1 和 S3700-2 交换机上查看路由表,并填写在下面。

答案:

③PC2 访问 PC3 时,数据帧的 VLAN 标签如何变化?

答案:

工作环节4
部署动态路由

4.1 工作要求

考虑到网络的规模会逐渐扩大,因此在路由规划完成后,建议在三层设备上配置动态路由协议来完成路由部署,当网络拓扑结构或链路的状态发生变化时,可以自动学习,不需要手动修改路由信息。因此网络工程师应当熟练掌握动态路由协议的配置方法,并且能够完成基本的路由优化操作,在网络调试和试运行阶段,可以进行简单的排错。局域网中,OSPF 一般应用于核心层与汇聚层之间的三层数据转发,如图 4-1 所示。

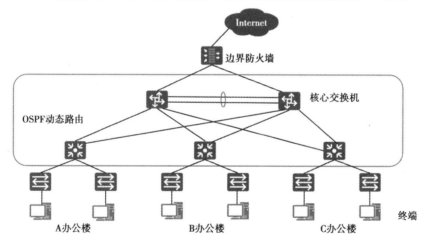

图 4-1　OSPF 通常的应用范围

在本环节中主要完成 SW1、SW2、AR1 上的动态路由部署,要求使用 OSPF 路由协议进行配置,并对路由进行一定的优化。利用 eNSP 模拟器,配置和验证方案设计是否合理,同时编制设备配置脚本用于现场项目实施。

4.2 学习目标

①能够根据网络规模,选择合适的动态路由协议。
②能够根据业务要求,制订简单的路由选路策略。
③能够正确配置 OSPF 路由协议,实现路由选路。

④能够对路由表进行简单优化。

⑤能够对网络设备配置进行调试,排除简单的故障。

⑥做到设备配置规范,且符合质量标准。

4.3 工作准备

①按照设计方案和用户现场需求,完善 IP 地址规划和路由规划。

②根据用户需求和产品手册对比,对路由器和三层交换机进行软件版本升级。

③根据设备型号和软件版本,下载相应的操作手册。

④编制网络设备的配置脚本,并在模拟环境中进行测试。

⑤现场检查硬件安装情况,线缆连接、端口编号、设备状态等是否正确。

⑥如果是在运行中的业务网络,准备好应急回退预案。

4.4 工作实施

(1)回退准备工作

由于要修改当前网络设备的配置,应当提前做好回退的准备工作。

①对 SW1、SW2、AR1 的当前配置进行备份。

思考

使用 save 命令,在保存配置文件时重命名文件。下面哪个文件名比较好,为什么?

A. 文件命名为:R1　　　　B. 文件命名为:123

C. 文件命名为:Backup1　　D. 文件命名为:Backup20220821

②导出 SW1、SW2、AR1 的当前配置文件,并保存在计算机上。

③清空 SW1、SW2、AR1 的当前配置,并重启设备。

● 使用 reset save 命令清空设备配置。

● 使用 reboot 命令重启设备。

(2)动态路由配置过程

①在路由器 R1、交换机 SW1、SW2 上启用 OSPF 路由协议,并将对应网段加入到 OSPF 区域 0 中。

```
[R1]interface loopback 1        //建立逻辑接口,其地址作为 ospf 的 ID 号
[R1-Loopback1]ip address 9.9.9.1 32    //有利于工程调试和维护
[R1]ospf 10    router-id 9.9.9.1   //创建 OSPF 进程 10
[R1-ospf-10]area 0   //进入 OSPF 区域 0
[R1-ospf-10-area-0.0.0.0]network 10.1.1.0 0.0.0.3   //将 10.1.1.0 加入
区域 0
```

［R1-ospf-10-area-0.0.0.0］network 9.9.9.1 0.0.0.0　//将 9.9.9.1 加入区域0

［R1-ospf-10-area-0.0.0.0］quit　//退出到 OSPF 进程视图

［R1-ospf-10］quit　//退出到系统视图

［SW1］interface loopback 1　　　//建立逻辑接口,其地址作为 ospf 的 ID 号

［SW1-Loopback1］ip address 9.9.9.2 32　//有利于工程调试和维护

［SW1］ospf 10 router-id 9.9.9.2　//创建 OSPF 进程10

［SW1-ospf-10］area 0　//进入 OSPF 区域0

［SW1-ospf-10-area-0.0.0.0］network 192.168.10.0 0.0.0.255　//将 192.168.10.0/24 加入到区域0

［SW1-ospf-10-area-0.0.0.0］network 192.168.20.0 0.0.0.255　//将 192.168.20.0/24 加入到区域0

［SW1-ospf-10-area-0.0.0.0］network 192.168.100.0 0.0.0.255　//将 192.168.100.0/24 加入到区域0

［SW1-ospf-10-area-0.0.0.0］network 10.1.1.0 0.0.0.3　//将 10.1.1.0/30 加入到区域0

［SW1-ospf-10-area-0.0.0.0］network 9.9.9.2 0.0.0.0　//将 9.9.9.2 加入到区域0

［SW1-ospf-10-area-0.0.0.0］quit　//退出到 OSPF 进程视图

［SW1-ospf-10］quit　//退出到系统视图

［SW2］interface loopback 1　　　//建立逻辑接口,其地址作为 ospf 的 ID 号

［SW2-Loopback1］ip address 9.9.9.3 32　//有利于工程调试和维护

［SW2］ospf 10 router-id 9.9.9.3　//创建 OSPF 进程10

［SW2-ospf-10］area 0　//进入 OSPF 区域0

［SW2-ospf-10-area-0.0.0.0］network 192.168.90.0 0.0.0.255　//将 192.168.90.0/24 加入区域0

［SW2-ospf-10-area-0.0.0.0］network 192.168.100.0 0.0.0.255　//将 192.168.100.0/24 加入区域0

［SW2-ospf-10-area-0.0.0.0］network 9.9.9.3 0.0.0.0　//将 9.9.9.3 加入区域0

［SW2-ospf-10-area-0.0.0.0］quit　//退出到 OSPF 进程视图

［SW2-ospf-10］quit　//退出到系统视图

注:Network 命令中使用的是通配符掩码,而不是子网掩码。和子网掩码一样,通配符掩码也是用于和 IP 地址结合,以描述一个地址范围。但在通配符掩码中,用0表示对

应位需要比较,1 表示对应位不需要比较,与子网掩码正好相反。并且通配符掩码的 0 和 1 可以不连续,在描述 IP 地址范围时更灵活,如表 4-1 所示。

表 4-1　通配符掩码表示地址范围

IP 地址	通配符掩码	表示的地址范围
192.168.0.1	0.0.0.255	192.168.0.0/24
192.168.0.1	0.0.3.255	192.168.0.0/22
192.168.0.1	0.255.255.255	192.0.0.0/8
192.168.0.1	0.0.0.0	192.168.0.1
192.168.0.1	255.255.255.255	0.0.0.0/0
192.168.0.1	0.0.2.255	192.168.0.0/24 和 192.168.2.0/24

②出口路由器 R1 上配置默认路由指向 R2,并通告到 OSPF 区域中。

[R1] ip route-static 0.0.0.0 0.0.0.0 16.16.16.16　//配置去往互联网的默认路由
[R1]ospf 10　//进入 OSPF 进程 10
[R1-ospf-10]default-route-advertise always　//将缺省路由通告到 OSPF 区域

思考

router-id 并非必选项,即使不配置也能让网络连通。为什么网络规范性检查中还要求必须配置 OSPF 的 router-id?

答案:

③接入交换机 SW3、SW4 上配置默认路由指向 SW1。

[SW3] ip route-static 0.0.0.0 0 192.168.100.1　//配置默认路由指向 SW1
[SW4] ip route-static 0.0.0.0 0 192.168.100.1　//配置默认路由指向 SW1

注:这两条默认路由,是为了让 SW3 和 SW4 能够被远程网管,与财务部和项目管理部的计算机上网无关。

(3)查看路由表

在各设备上使用"display ip routing-table"命令查看路由表,以 SW2 为例:

[SW2]display ip routing-table

Destination/Mask	Proto	Pre	Cost	Flags	NextHop	Interface
0.0.0.0/0	O_ASE	150	1	D	192.168.100.1	Vlanif100
9.9.9.1/32	OSPF	10	2	D	192.168.100.1	Vlanif100
9.9.9.2/32	OSPF	10	1	D	192.168.100.1	Vlanif100
10.1.1.0/30	OSPF	10	2	D	192.168.100.1	Vlanif100

192.168.10.0/24	OSPF	10	2	D	192.168.100.1	Vlanif100
192.168.20.0/24	OSPF	10	2	D	192.168.100.1	Vlanif100
192.168.90.0/24	Direct	0	0	D	192.168.90.1	Vlanif90
192.168.100.0/24	Direct	0	0	D	192.168.100.2	Vlanif100

注:上面只列出了路由表中的部分重要路由项,方便大家查看和理解。

(4)OSPF 路由优化

1)配置 OSPF 静默接口

包括 SW1 上的 VLANIF10 和 VLANIF20,以及 SW2 上的 VLANIF90。

```
[SW1] ospf 10   //进入 OSPF 进程 10
[SW1-ospf-10]silent-interface vlanif10 vlanif20   //配置 ospf 静默接口
[SW2] ospf 10   //进入 OSPF 进程 10
[SW2-ospf-10]silent-interface vlanif90 //配置 ospf 静默接口
```

思考

哪些接口应该被配置为 ospf 静默接口?

答案:

2)配置 OSPF 参考宽带值

OSPF 路由开销的计算公式为:开销=参考带宽/实际带宽。因此设置参考带宽,可以影响到 OSPF 路由开销的计算,从而影响路由选路。

注意:OSPF 区域中的所有路由器必须修改为一致。

```
[R1] ospf 10   //进入 OSPF 进程 10
[R1-ospf-10]bandwidth-reference 10000      //修改参考带宽为 10000M
[SW1] ospf 10   //进入 OSPF 进程 10
[SW1-ospf-10]bandwidth-reference 10000      //修改参考带宽为 10000M
[SW2] ospf 10   //进入 OSPF 进程 10
[SW2-ospf-10]bandwidth-reference 10000      //修改参考带宽为 10000M
```

思考

在本例中,链路带宽最大是 1 000 M,那 OSPF 参考带宽为什么要修改为 10 000 M? 如果是在万兆以太网中,参考带宽设为多少合适?

答案:

3)配置 OSPF 接口的网络类型

路由器 R1 的 G0/0/1,SW1 和 SW2 的三层 VLAN 接口。

注意:两端设备互连的接口的网络类型必须一致。

> ［R1］interface GigabitEthernet 0/0/1　//进入 Gi0/0/1 接口
>
> ［R1-GigabitEthernet0/0/1］ospf network-type p2p　//修改接口的 OSPF 网络类型
>
> ［SW1］interface Vlanif 201　//进入 VLANIF201 接口视图
>
> ［SW1-Vlanif201］ospf network-type p2p　//修改接口的 OSPF 网络类型

思考

请将 SW1 上的 VLANIF202 和 SW2 上的 VLANIF202 也配置为 p2p 网络类型。

答案：_____

4.5　相关知识点

4.5.1　知识点 1：链路状态路由工作原理

链路状态路由协议是目前使用最广的一类域内路由协议。它采用一种"拼图"的设计策略，即每个路由器将它到其周围邻居的链路状态向全网的其他路由器进行广播。这样，一个路由器收到从网络中其他路由器发送过来的路由信息后，它对这些链路状态进行拼装，最终生成一个全网的拓扑视图，进而可以通过最短路径算法来计算它到别的路由器的最短路径。运行链路状态路由协议的路由器，每台路由器在其接口状态发生变化时，将变化后的状态发送给其他所有路由器，每台路由器都使用收到的信息重新计算前往每个网络的最佳路径，然后将这些信息存储到自己的路由选择表中。

链路状态路由算法可以用 5 个基本步骤加以描述：

①发现它的邻接点，并知道其网络的地址。

②测量到各邻接点的延迟或开销。

③构造一个分组，分组中包含所有他刚刚收到的信息。

④将这个分组发送给其他的路由器。

⑤计算出到每一个其他路由器的最短路径。

链路状态算法就是要让路由器在不同链路中选择一条最佳的从源到目的主机的路径。假设如图 4-2 所示中的数字代表链路开销，值越大，开销越高，越应该避开。每台路

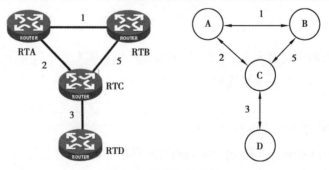

图 4-2　链路状态示例

由器都生成一个全网的拓扑视图,并分别以自己为根节点计算最小生成树,可以得到如图 4-3 所示的结果。这就是在一个图里面选择最短路径的算法。

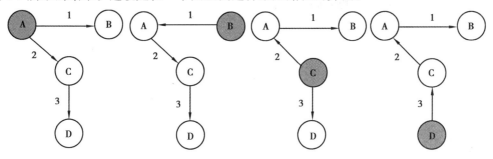

图 4-3　链路选择结果

4.5.2　知识点 2:OSPF 路由工作机制

OSPF(Open Shortest Path First,开放最短路径优先)是 IETF 定义的一种基于链路状态的内部网关路由协议。OSPF 是专为 IP 开发的路由协议,直接运行在 IP 层上面,协议号为 89,采用组播方式进行 OSPF 包交换,组播地址为 224.0.0.5(全部 OSPF 设备)和 224.0.0.6(指定设备)。由于 RIP 协议存在收敛慢、易产生路由环路、可扩展性差等问题,目前已逐渐被 OSPF 取代。

(1)OSPF 的特点

①OSPF 是一种基于链路状态的路由协议,它从设计上就保证了无路由环路。OSPF 支持区域的划分,区域内部的路由器使用 SPF 最短路径算法保证了区域内部的无环路。OSPF 还利用区域间的连接规则保证了区域之间无路由环路。

②OSPF 支持触发更新,能够快速检测并通告自治系统内的拓扑变化。

③OSPF 可以解决网络扩容带来的问题。当网络上路由器越来越多,路由信息流量急剧增长时,OSPF 可以将每个自治系统划分为多个区域,并限制每个区域的范围。OSPF 这种分区域的特点,使得 OSPF 特别适用于大中型网络。

④OSPF 可以提供认证功能。OSPF 路由器之间的报文可以配置成必须经过认证才能进行交换。

(2)OSPF 基本原理

OSPF 要求每台运行 OSPF 的路由器都了解整个网络的链路状态信息,这样才能计算出到达目的地的最优路径。

OSPF 的收敛过程由链路状态公告(Link State Advertisement,LSA)泛洪开始,LSA 中包含了路由器已知的接口 IP 地址、掩码、开销和网络类型等信息。收到 LSA 的路由器都可以根据 LSA 提供的信息建立自己的链路状态数据库(Link State Database,LSDB),并在 LSDB 的基础上使用 SPF 算法进行运算,建立起到达每个网络的最短路径树。

最后,通过最短路径树得出到达目的网络的最优路由,并将其加入 IP 路由表中,如图 4-4 所示。

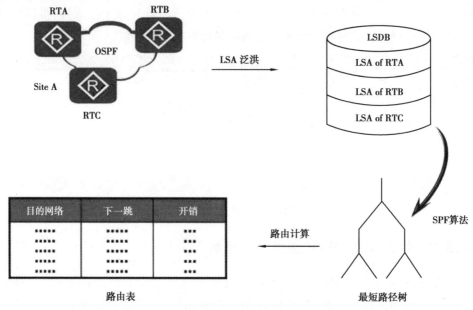

图 4-4　OSPF 工作原理

（3）OSPF 报文

OSPF 报文类型有 5 种：

1）Hello 报文

最常用的一种报文,用于发现、维护邻居关系,并在广播和 NBMA（None-Broadcast Multi-Access）类型的网络中选举指定路由器 DR（Designated Router）和备份指定路由器 BDR（Backup Designated Router）。

2）DD（Database Deion）报文

两台路由器进行 LSDB 数据库同步时,用 DD 报文来 描述自己的 LSDB。DD 报文的内容包括 LSDB 中每一条 LSA 的头部（ LSA 的头部可以唯一标识一条 LSA）。LSA 头部只占一条 LSA 的整个数据量的一小部分,所以,这样就可以减少路由器之间的协议报文流量。

3）LSR（LSA Request）报文

两台路由器互相交换过 DD 报文之后,知道对端的路由器有哪些 LSA 是本地 LSDB 所缺少的,这时需要发送 LSR 报文向对方请求缺少的 LSA,LSR 只包含了所需要的 LSA 的摘要信息。

4）LSU（LSA Update）报文

用来向对端路由器 发送所需要的 LSA。

5）LSACK（Link State Acknowledgment）报文

用来对接收到的 LSU 报文进行确认。

（4）OSPF 支持的网络类型

OSPF 支持 4 种网络类型：

1）点到点网络（P2P）

采用 PPP、HDLC 协议的网络类型是点到点类型,相邻节点可以直接形成邻接关系。

P2P 网络是指一段链路上只能连接两台设备的环境,例如,当两台设备通过 PPP 链路进行连接,设备上采用的接口封装协议就是 PPP,当激活 OSPF 时,OSPF 会根据接口的数据链路层封装将其网络类型设置为 P2P,采用 HDLC 封装时,缺省网络类型也为 P2P。在 P2P 网络类型中,5 种 OSPF 报文都是通过组播地址 224.0.0.5 来发送的。在缺省状态下,接口会以 10 s 的周期去发送 hello 报文。

2）广播网络

缺省情况下,OSPF 认为以太网的网络类型是广播类型,需要进行 DR 和 BDR 的选举。DR 和 BDR 的组播地址为 224.0.0.6。缺省情况下,发送 hello 报文的时间间隔为 10 s。

3）非广播多路访问

缺省情况下,OSPF 认为帧中继、ATM 的网络类型是 NBMA。NBMA 虽然也允许多台设备接入,但是它并不具备广播功能。为了顺利进行邻接关系的建立,一般用单播的形式发送 hello 报文。在 NBMA 网络中,也会进行 DR 和 BDR 的选举。缺省情况下,hello 报文会以 30 s 的周期被接口发送。

4）点到多点网络

这种网络类型并不是根据接口封装自己设置的,而是需要管理员手动配置。用点到多点的方式来建立连接,不需要进行 DR 和 BDR 的选举。OSPF 在 P2MP 网络类型的接口上,以组播的形式发送 hello 报文,以单播的形式发送其他报文。缺省状态下 hello 报文的发送间隔为 30 s。

（5）DR 和 BDR

1）DR

DR（designated router）即指定路由,负责在 MA 网络建立和维护邻接关系并负责 LSA 的同步。通过 DR 可以减少广播型网络中的邻接关系的数量,如图 4-5 所示:

①DR 与其他所有的路由器形成邻接关系并交换链路状态信息,其他路由器之间不直接交换链路状态信息,这样就大大减少了 MA 网络中的邻接关系数据及交换链路状态信息所消耗的资源。

②DR 一旦出现故障,其与其他路由器之间的邻接关系将全部失效,链路状态数据库也无法同步,此时就需要重新选举 DR,再与非 DR 路由器建立邻接关系,完成 LSA 的同步,为了规避单点故障风险,通过选举备份指定路由器 BDR,在 DR 失效时快速接管 DR 的工作。

2）DR/BDR 的选举

DR/BDR 的选举是基于路由器接口的,接口的优先级越大越优先,接口的优先级相等时,Router ID 越大越优先。接口 DR 优先级为 0,表示不参与选举。

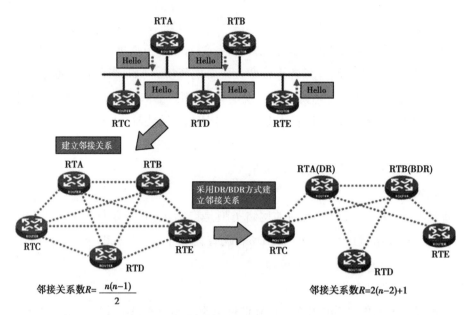

图 4-5　DR 和 BDR

Router ID 是一个和 IP 地址类似的 32 位的值,可以作为一台设备的标识符。在使用 OSPF 协议的网络中,每台路由器都需要有一个唯一的 ID 用于标识自己。建议手动配置 OSPF 路由器的 Router ID,如果没有手动配置 Router ID,则路由器使用 Loopback 接口中最大的 IP 地址作为 Router ID;如果没有配置 Loopback 接口,则路由器使用物理接口中最大的 IP 地址作为 Router ID。如果重新配置了 OSPF 的路由器 Router ID,则应该重置 OSPF 进程来更新 Router ID。

需要注意以下几点:

①只有在广播或 NBMA 类型接口时才会选举 DR,在点到点或点到多点类型的接口上不需要选举 DR。

②DR 是指某个网段的概念,是针对路由器的接口而言的。某台路由器在一个接口上可能是 DR,在另一个接口上有可能是 BDR,或者是 DR Other。

③若 DR、BDR 已经选择完毕,当一台新路由器加入后,即使它的 DR 优先级值最大,也不会立即成为该网段中的 DR。

④DR 并不一定就是 DR 优先级最大的路由器;同理,BDR 也并不一定就是 DR 优先级第二大的路由器。

(6)邻居与邻接

OPSF 中的邻居和邻接的区分主要用在以太网(广播型)网络中。

邻居关系是双方交互 Hello 报文,Hello 报文中的 hello time、Dead time、Area ID、验证信息、Stub Flag 信息一致时,两个直连广播类型的网络就会在一个端口上选举出 DR,另一端口选举为 BDR,然后进入 2-Way 状态。只要能正常进入 2-way 状态就完成了邻居关系。一般两个直连广播网络进入此状态后,在极短的时间内会进入下一个状态 ExStart,在多台路由器互联的广播网络、NBMA(非广播多点可达)中,除 DR、BDR 以外的路由器状态会长期稳定在 2-way 状态。邻居关系完成后,路由器上能正常形成邻居表,可以使用命令查看邻居关系。

邻接关系是双方交互 DD、LSR、LSU、LSAck 报文完成后,两端设备 LSDB 相同,才进入邻接状态。邻接关系是由邻居关系 2-way 继续向后发展,依此经历 ExStart → Exchange → Loading → Full 。此时查看路由器邻居关系时,状态会变为 Full/DR 、Full/BDR 、Full/-(点到点)等。邻接关系完成后,多台路由器能够正常形成链路状态数据库。OSPF 状态变化过程如图 4-6 所示。

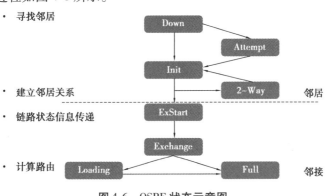

图 4-6　OSPF 状态示意图

状态含义:

①Down:这是邻居的初始状态,表示没有从邻居收到任何信息。

②Init:在此状态下,路由器已经从邻居收到了 Hello 报文,但是自己的 Router ID 不在所收到的 Hello 报文的邻居列表中,表示尚未与邻居建立双向通信关系。

③2-way:在此状态下,路由器发现自己的 Router ID 存在于收到的 Hello 报文的邻居列表中,已确认可以双向通信。

④Full:这个状态表示在 OSPF 邻居间已经交换了完整的信息。

4.5.3　知识点 3:OSPF 路由计算过程

(1)OSPF 工作过程

OSPF 的工作过程可以简化描述如下:

①路由器之间发现并建立邻居关系。

②每台路由器产生并向邻居泛洪链路状态信息,同时收集来自其他路由器的状态信息,完成链路状态数据库(Link State Database,LSDB)的同步。

③每台路由器基于 LSDB 通过 SPF(最短路径优先)算法,计算得到一棵以自己为根的 SPT(最小生成树),再以 SPT 为基础计算去往各邻居连接网络的最优路由,并形成路由表。

OSPF 工作的详细过程如下:

1)邻居发现

Hello 报文用来发现和维持 OSPF 邻居关系,如图 4-7 所示。

2）数据库同步

路由器使用 DD 报文来进行主从路由器的选举和数据库摘要信息的交互。DD 报文包含 LSA 的头部信息，用来描述 LSDB 的摘要信息，如图 4-8 所示。

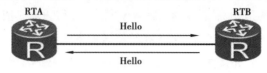

Network Mask		
Hello Interval	Options	Router Priority
Router Dead Interval		
Designated Router		
Backup Designated Router		
Neighbor		

图 4-7　Hello 报文

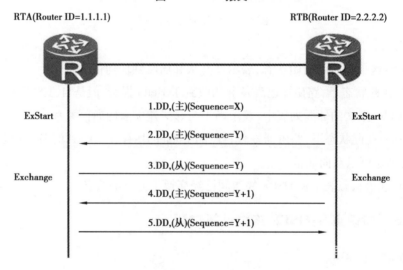

图 4-8　LSDB 同步

3）建立完全邻接关系

如图 4-9 所示，LSR 用于向对方请求所需的 LSA，LSU 用于向对方发送其所需的 LSA，LSACK 用于向对方发送收到 LSA 的确认。

（2）OSPF 的开销计算

OSPF 的度量值为 cost（链路开销），它是根据链路带宽算出来的，基本上和链路带宽成反比。也就是说带宽越大，开销值越小，链路越优。

计算公式为：

接口开销＝参考带宽/逻辑带宽（逻辑带宽通常配置和物理接口带宽相同）

OSPF 先将链路每段的开销分别计算，然后计算从当前节点到达任意目标地址的网

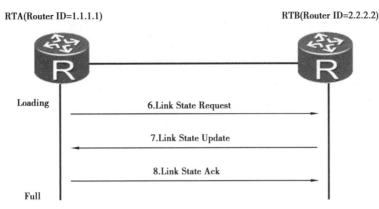

图4-9 建立邻接关系

络开销,即多段链路累加,选出到达目标网络开销最小的路径为最佳路径。

OSPF 接口开销有默认的参考值,即接口带宽默认为 100 Mb/s,如果实际带宽值为 10 M,那么该接口的 cost=100/10=10,如果该接口实际带宽为 100 Mb/s,那么接口开销为 cost=100/100=1。但现在的网络已经进入 1 000 M 时代,会出现 100 M 和 1 000 M 的带宽在 OSPF 中得到的开销相同都是 1。所以如果实际应用中接口带宽值较高时应该重新配置端口的参考带宽值。参考带宽通常应该是网络中最大带宽的 10 倍,比如在千兆以太网中,参考带宽值建议设置为 10 000。

4.5.4 知识点4:OSPF 多区域

当 OSPF 路由域规模较大时,一般采用分层结构,即将 OSPF 路由域分割成几个区域(AREA),如图4-10 所示。

(1)OSPF 区域划分

1)区域边界路由器 ABR

OSPF 区域的边界是路由器,而不是链路。一个路由器可以属于不同的区域,但是一个网段(链路)只能属于一个区域,或者说每个运行 OSPF 的接口必须指明属于哪一个区域。划分区域后,可以在区域边界路由器上进行路由聚合,以减少通告到其他区域的 LSA 数量,还可以将网络拓扑变化带来的影响最小化。

在多区域的 OSPF 网络中,主要的路由器角色包括:

①IR(内部路由器)。内部路由器是指所有接口网段都在同一个区域的路由器。

②ABR(区域边界路由器)。区域边界路由器指的是路由器连接到多个区域,ABR 需要负责为每一个连接的区域维护一个 LSDB,所以区域之间的路由信息交互实际上是通过 ABR 来完成的。

③BR(骨干路由器)。骨干路由器指的是至少有一个端口或者虚拟链接连接到骨干区域的路由器,也包括所有端口都在骨干区域的路由器。由于骨干区域通常会连接多个非骨干区域,因此骨干路由器会处理多个区域的路由信息。

④ASBR(自治系统边界路由器):位于 OSPF 自主系统和非 OSPF 网络之间。ASBR

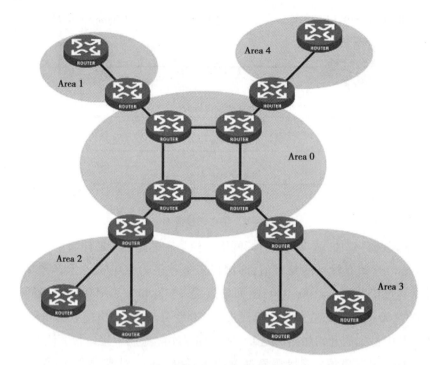

图 4-10　OSPF 多区域划分

可以运行 OSPF 和另一路由选择协议（如 RIP），把 OSPF 上的路由发布到其他路由协议上。

2）骨干区域与虚连接

①骨干区域（Backbone Area）OSPF 划分区域之后，并非所有的区域都是平等的关系。其中有一个区域是与众不同的，它的区域号是 0，通常被称为骨干区域。骨干区域负责区域之间的路由，非骨干区域之间的路由信息必须通过骨干区域来转发。对此，OSPF 有两个规定：

● 所有非骨干区域必须与骨干区域保持连通。

● 骨干区域自身也必须保持连通。

在实际应用中，可能会因为各方面条件的限制，无法满足上面的要求。这时可以通过配置 OSPF 虚链路予以解决。

②虚链路（Virtual Link）虚连接是指在两台 ABR 之间通过一个非骨干区域而建立的一条逻辑上的连接通道。它的两端必须是 ABR，而且必须在两端同时配置方可生效。为虚连接两端提供一条非骨干区域内部路由的区域称为传输区（Transit Area）。

3）Stub 区域和 Totally Stub 区域

Stub 区域是一些特定的区域，该区域的 ABR 会将区域间的路由信息传递到本区域，但不会引入自治系统外部路由，区域中路由器的路由表规模以及 LSA 数量都会大大减少。为保证到自治系统外的路由依旧可达，该区域的 ABR 将生成一条缺省路由 Type-3 LSA，发布给本区域中的其他非 ABR 路由器。

为了进一步减少 Stub 区域中路由器的路由表规模以及 LSA 数量，可以将区域配置为

Totally Stub(完全 Stub)区域,该区域的 ABR 不会将区域间的路由信息和自治系统外部路由信息传递到本区域。为保证到本自治系统的其他区域和自治系统外的路由依旧可达,该区域的 ABR 将生成一条缺省路由 Type-3 LSA,发布给本区域中的其他非 ABR 路由器。

4)NSSA 区域和 Totally NSSA 区域

NSSA(Not-So-Stubby Area)区域是 Stub 区域的变形,与 Stub 区域的区别在于 NSSA 区域允许引入自治系统外部路由,由自治系统边界路由器(ASBR)发布 Type-7 LSA 通告给本区域。当 Type-7 LSA 到达 NSSA 的 ABR 时,由 ABR 将 Type-7 LSA 转换成 Type-5 LSA,传播到其他区域。

可以将区域配置为 Totally NSSA(完全 NSSA)区域,该区域的 ABR 不会将区域间的路由信息传递到本区域。为保证到本自治系统的其他区域的路由依旧可达,该区域的 ABR 将生成一条缺省路由 Type-3 LSA,发布给本区域中的其他非 ABR 路由器。

(2)OSPF 的链路类型简介

OSPF 中对链路状态信息的描述都是封装在 LSA 中发布出去的,常用的 LSA 如表 4-2 所示。

表 4-2 常用的 LSA

类型	LSA 名称	传播范围	通告对象	Link-id	携带的信息
1	Router SLA	本设备所在区域	该区域所有路由器的 RID	通告者的 RID	每台 OSPF 路由器都会产生的 LSA,本地所在区域的直连拓扑,优化网络
2	网络 LSA(Network LSA)	本地设备所在区域	DR(每个 MA 网络中的 DR)	DR 的接口 IP 地址	描述的是该 MA 网络中所有已经形成邻接的路由器(包括 DR),也就是指单个 MA 网络中的拓扑
3	网络汇总 LSA(Network Summary LSA)	整个 OSPF 域	ABR(在经过下一台 ABR 时,修改为新的 ABR 的 RID)	域间路由的目标网络号	描述的是所要达到某个区域的目标网段的路由,也就是域间路由
4	ASBR 汇总 LSA(ASBR Summary LSA)	除了 ASBR 所在区域的整个 OSPF 域(ASBR 所在区域是基于 1 类 LSA 交代的位置)	ABR(和 ASBR 同一区域的 ABR,在经过下一台 ABR 时,修改为新的 ABR 的 RID)	ASBR 的 RID	描述的是达到 ASBR 的主机路由,也就是 ASBR 位置
5	AS 外部 LSA(AS External LSA)	整个 OSPF 域	ASBR	域外路由的目标网络号	描述的是本 AS 之外的路由信息

续表

类型	LSA 名称	传播范围	通告对象	Link-id	携带的信息
6	非完全末梢区域 LSA（NSSA LSA）	本地的 NSSA 区域	ASBR	域外路由的目标网络号	描述的还是本 AS 之外的路由信息。注意的是该 LSA 不能直接进入骨干区域，而是需要 NSSA 区域的 ABR 将其转换成 5 类的 LSA 才能注入骨干区域

①Router LSA（Type-1）：由每个路由器产生，描述路由器的链路状态和开销，在其始发的区域内传播。

②Network LSA（Type-2）：由 DR 产生，描述本网段所有路由器的链路状态，在其始发的区域内传播。

③Network Summary LSA（Type-3）：由区域边界路由器（Area Border Router，ABR）产生，描述区域内某个网段的路由，并通告给其他区域。

④ASBR Summary LSA（Type-4）：由 ABR 产生，描述到自治系统边界路由器（Autonomous System Boundary Router，ASBR）的路由，通告给相关区域。

⑤AS External LSA（Type-5）：由 ASBR 产生，描述到自治系统（Autonomous System，AS）外部的路由，通告到所有的区域（除了 Stub 区域和 NSSA 区域）。

⑥NSSA External LSA（Type-7）：由 NSSA（Not-So-Stubby Area）区域内的 ASBR 产生，描述到 AS 外部的路由，仅在 NSSA 区域内传播。

⑦Opaque LSA（Type9-11）：用于 OSPF 的扩展通用机制，目前有 Type-9、Type-10 和 Type-11 三种。其中，Type-9 LSA 仅在本地链路范围进行泛洪，用于支持平滑重启（Graceful Restart，GR）的 Grace LSA 就是 Type-9 的一种类型；Type-10 LSA 仅在区域范围进行泛洪，用于支持 MPLS TE 的 LSA 就是 Type-10 的一种类型；Type-11 LSA 可以在一个自治系统范围进行泛洪。

4.6 能力训练

4.6.1 课堂实操 1：配置简单的 OSPF 路由

(1)实训说明

本实训要求掌握 OSPF 路由协议的基础配置操作，能够部署简单的 OSPF 网络。基本配置任务包括：

①配置接口的网络层地址，使各相邻节点网络层可达。

②所有的路由器都运行 OSPF，并合理地划分区域。

③在 OSPF 区域中发布相应的网段。

（2）实训步骤（华为厂商设备配置）

步骤一：在 eNSP 模拟器中添加路由器和计算机，如图 4-11 所示连接后，启动所有设备。并配置计算机的 IP 地址和网关，如图 4-11 所示。

步骤二：配置各路由器接口的 IP 地址。

#配置 R1。

```
<Huawei>system-view
[Huawei]sysname R1
[R1]interface GigabitEthernet0/0/1
[R1-GigabitEthernet0/0/1]ip address 10.1.1.254 24
[R1-GigabitEthernet0/0/1]quit
[R1]interface GigabitEthernet0/0/0
[R1-GigabitEthernet0/0/0]ip address 192.168.0.1 30
```

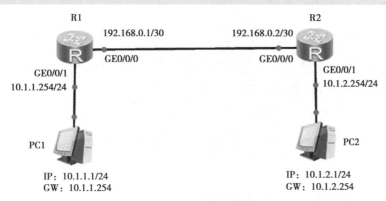

图 4-11 网络连接图

#配置 R2。

```
<Huawei>system-view
[Huawei]sysname R2
[R2]interface GigabitEthernet0/0/1
[R2-GigabitEthernet0/0/1]ip address 10.1.2.254 24
[R2-GigabitEthernet0/0/1]quit
[R2]interface GigabitEthernet0/0/0
[R2-GigabitEthernet0/0/0]ip address 192.168.0.2 30
```

步骤三：配置 OSPF 基本功能。

#配置 R1。

```
[R1]router id 1.1.1.1
[R1]ospf
```

```
[R1-ospf-1]area 0
[R1-ospf-1-area-0.0.0.0]network 192.168.0.0 0.0.0.3
[R1-ospf-1-area-0.0.0.0]network 10.1.1.0 0.0.0.255
```

#配置 R2。

```
[R2]router id 2.2.2.2
[R2]ospf
[R2-ospf-1]area 0
[R2-ospf-1-area-0.0.0.0]network 192.168.0.0 0.0.0.3
[R2-ospf-1-area-0.0.0.0]network 10.1.2.0 0.0.0.255
```

步骤四:验证配置结果。

#查看路由器的 OSPF 邻居,如图 4-12 所示。

#查看路由器的 LSDB,如图 4-13 所示。

```
[R1]display ospf peer

      OSPF Process 1 with Router ID 1.1.1.1
            Neighbors

 Area 0.0.0.0 interface 192.168.0.1(GigabitEthernet0/0/0)'s neighbors
 Router ID: 2.2.2.2          Address: 192.168.0.2
   State: Full  Mode:Nbr is  Master  Priority: 1
   DR: 192.168.0.1  BDR: 192.168.0.2  MTU: 0
   Dead timer due in 31  sec
   Retrans timer interval: 5
   Neighbor is up for 00:01:47
   Authentication Sequence: [ 0 ]
```

图 4-12　查看邻居

```
[R1]display ospf lsdb

      OSPF Process 1 with Router ID 1.1.1.1
            Link State Database

                    Area: 0.0.0.0
 Type      LinkState ID    AdvRouter          Age  Len   Sequence   Metric
 Router    2.2.2.2         2.2.2.2            166  48    80000005        1
 Router    1.1.1.1         1.1.1.1            193  48    80000006        1
 Network   192.168.0.1     1.1.1.1            194  32    80000002        0
```

图 4-13　查看 LSDB

#查看路由器的路由表,如图 4-14 所示。

步骤五:在计算机 PC1 上使用 tracert 命令进行连通性测试,并查看经过的路由,如图 4-15 所示。

思考

为什么在 OSPF 的配置中 Network 发布了多个网段,但在 R1 和 R2 的路由表中没有显示那么多通过 OSPF 生成的路由项?

答案:

图 4-14 查看路由表

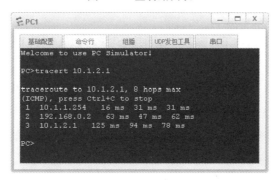

图 4-15 测试连通性

4.6.2 课堂实操2:优化 OSPF 路由

(1)实训说明

拓扑图及连线参考如图 4-16 所示。通过全网 OSPF 路由使 PC1 和 PC2 互通,并且对 OSPF 路由进行适当的优化。

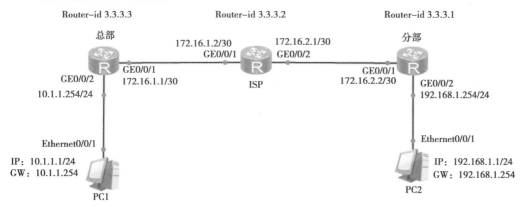

图 4-16 网络连接图

(2)准备工作

①路由器命名为"姓名全拼-设备名"。

②完成路由器和 PC 的基础 IP 地址配置。

③使用"undo info-center enable"命令暂时关闭路由器消息。

（3）配置思路

①路由器上分别启用 OSPF 协议；

● 规划并配置 Router id。

● 系统视图下全局使能 OSPF 协议，同时进入了 OSPF 配置视图。

● 创建一个区域（单区域通常使用区域编号 0）。

● 接口上使能 OSPF 协议。使得接口对应的链路状态可以通过 OSPF 通告给其他路由器，并且该接口可以发送和接收 OSPF 消息。

②物理结构是点对点形状的网络，可以将接口的 OSPF 网络类型修改为 p2p 类型，避免 DR 选举，提高收敛速度。

③修改所有路由器的 OSPF 参考带宽，使 OSPF 可以正确计算开销，通常为网络最大带宽的 10 倍。

④网络边界的接口，指定为静默端口，禁止其发送和接收 OSPF 消息。

还有一些可用于优化 OSPF 路由的配置，可以自己查阅手册来完成。例如，配置 OSPF 验证，提高 OSPF 安全性；修改各种时间间隔以优化 OSPF 的性能，如收敛速度、资源占用等。

（4）实训步骤

步骤一：完成设备的基础配置。

1）总部路由器

```
sys
sysname BGZY-RT1
interface g0/0/1
    ip address 172.16.1.1 30
interface g0/0/2
    ip address 10.1.1.254 24
interface loopback 1          //建立逻辑接口,其地址作为 ospf 的 ID 号
    ip address 3.3.3.3 32    //建立这个接口不是必需的,但利于工程调试和维护
ospf 1 router-id 3.3.3.3
    area 0                    //创建区域,并在区域视图中,发布各接口的子网
        network 172.16.1.0   0.0.0.3      //通配符掩码,初学者可以先理解为是把
                                            子网掩码反过来
        network 10.1.1.0   0.0.0.255      //初学者可以写成"10.1.1.254 0.0.0.
                                            255",会自动转为子网地址
        network 3.3.3.3   0.0.0.0         //发布 ID 号对应的 Loopback 网段,方便
                                            调试,方便其他协议
```

2）中间的路由器

```
sys
sysn BGZY-RT2
int g0/0/1
ip add 172.16.1.2 30
int g0/0/2
    ip add 172.16.2.1 30
interface loopback 1
    ip address 3.3.3.2 32
ospf 1 router-id 3.3.3.2
    area 0           //本实验是单区域OSPF,因此3个路由器都必须同1个区域
    network 172.16.1.0   0.0.0.3
    network 172.16.2.0   0.0.0.3
    network 3.3.3.2   0.0.0.0
```

3）分部路由器

```
sys
sysn BGZY-RT3
int g0/0/1
    ip add 172.16.2.2 30
int g0/0/2
    ip add 192.168.1.254 24
interface loopback 1
    ip address 3.3.3.1 32
ospf 1 router-id 3.3.3.1
    area 0
```

在华为路由器上,还支持另外一种启用OSPF路由的配置方式,如下所示:

```
int g0/0/1
  ospf enable 1 area 0
int g0/0/2
  ospf enable 1 area 0
interface loopback 1
  ospf enable 1 area 0
```

4）查看结果（图4-17 至图4-22）

display ospf peer //查看 OSPF 的邻居。注意状态是否为 FULL，注意 DR 和 BDR

图 4-17 查看 OSPF 邻居

display ospf interface //查看 OSPF 接口的信息

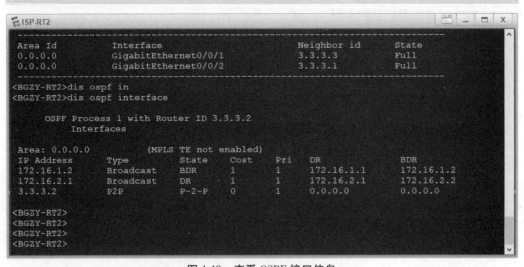

图 4-18 查看 OSPF 接口信息

display ospf brief　　　//查看当前路由器的 OSPF 摘要信息

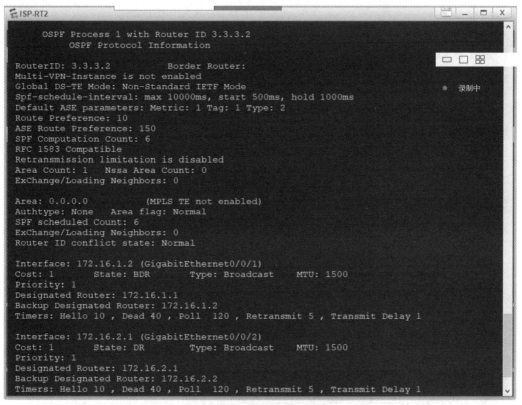

图 4-19　查看 OSPF 摘要信息

display ospf lsdb　　　//查看 OSPF 的链路状态数据库信息

```
 Cost: 0        State: P-2-P      Type: P2P      MTU: 1500                  ● 录制中
 Timers: Hello 10 , Dead 40 , Poll  120 , Retransmit 5 , Transmit Delay 1
<BGZY-RT2>
<BGZY-RT2>
<BGZY-RT2>
<BGZY-RT2>dis ospf lsdb

      OSPF Process 1 with Router ID 3.3.3.2
          Link State Database

                  Area: 0.0.0.0
 Type      LinkState ID     AdvRouter        Age   Len   Sequence    Metric
 Router    3.3.3.3          3.3.3.3          668   60    80000006    1
 Router    3.3.3.2          3.3.3.2          667   60    80000006    1
 Router    3.3.3.1          3.3.3.1          641   60    80000005    1
 Network   172.16.1.1       3.3.3.3          668   32    80000001    0
 Network   172.16.2.1       3.3.3.2          668   32    80000002    0

<BGZY-RT2>
```

图 4-20　查看 LSDB 信息

display ospf routing //查看 OSPF 学习到的路由信息,注意和最终的 IP 路由表区别

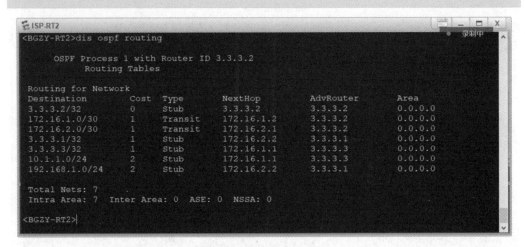

图 4-21 查看 OSPF 路由表

通过 OSPF 学习到 7 条路由,最后只有 4 条进入 IP 路由表,另外 3 条竞争不过直连路由。

display ip routing //查看 IP 路由表,注意 OSPF 的协议优先级和开销值

```
ISP-RT2                                                                    X
 Total Nets: 7
 Intra Area: 7  Inter Area: 0  ASE: 0  NSSA: 0

<BGZY-RT2>dis ip rou
Route Flags: R - relay, D - download to fib                       ● 录制中
------------------------------------------------------------------------------
Routing Tables: Public
         Destinations : 11       Routes : 11

Destination/Mask     Proto    Pre   Cost     Flags  NextHop       Interface

      3.3.3.1/32     OSPF     10    1          D   172.16.2.2     GigabitEthernet
0/0/2
      3.3.3.2/32     Direct   0     0          D   127.0.0.1      LoopBack1
      3.3.3.3/32     OSPF     10    1          D   172.16.1.1     GigabitEthernet
0/0/1
     10.1.1.0/24     OSPF     10    2          D   172.16.1.1     GigabitEthernet
0/0/1
    127.0.0.0/8      Direct   0     0          D   127.0.0.1      InLoopBack0
    127.0.0.1/32     Direct   0     0          D   127.0.0.1      InLoopBack0
   172.16.1.0/30     Direct   0     0          D   172.16.1.2     GigabitEthernet
0/0/1
   172.16.1.2/32     Direct   0     0          D   127.0.0.1      GigabitEthernet
0/0/1
   172.16.2.0/30     Direct   0     0          D   172.16.2.1     GigabitEthernet
0/0/2
   172.16.2.1/32     Direct   0     0          D   127.0.0.1      GigabitEthernet
0/0/2
   192.168.1.0/24    OSPF     10    2          D   172.16.2.2     GigabitEthernet
0/0/2
<BGZY-RT2>
```

图 4-22 查看 IP 路由表

步骤二:点对点网络结构中,可以将路由器接口的 OSPF 网络类型修改为 p2p 类型。

包括:总部路由器的 G0/0/1,中间路由器的 G0/0/1 和 G0/0/2,分部路由器的 G0/0/1。

注意:对端的两个接口的网络类型必须一致。

```
int g0/0/1
    ospf network-type p2p
```

全部修改后,再次查看 OSPF 邻居状态。

步骤三:修改所有路由器的 OSPF 参考带宽。

注意:三台路由器必须修改一致!

参考命令如下:

```
ospf        //进入 OSPF 视图。如果是在 ospf 的区域视图,则 quit 返回。
    bandwidth-reference 10000
```

思考

再次查看 IP 路由表,对比路由表中 OSPF 路由开销的变化。

答案:_____

步骤四:指定静默端口。

包括总部路由器的 G0/0/2,分部路由器的 G0/0/2。

注意,静默端口一般都是连接内网终端的接口,千万不要把路由器互连的接口变成静默端口。

参考命令如下:

```
ospf
    silent-interface g0/0/2
```

思考

①优化完成后,再次查看路由器的 OSPF 邻居信息、接口信息、LSDB 信息、路由表等,与前面的结果进行对比分析,有哪些主要变化。

答案:_____

②对路由器的端口 G0/0/1 和 G0/0/2 分别进行抓包,哪个端口有 OSPF 协议的 Hello 报文?

答案:_____

4.6.3 课堂实操3:配置多区域 OSPF 路由

(1)实训说明

公司自建了一个网络连接总部和分部,其拓扑图及连线参考如图 4-23 所示。要求通过全网 OSPF 路由使 PC1 和 PC2 互通,并且通过划分 OSPF 区域来优化 OSPF 路由。

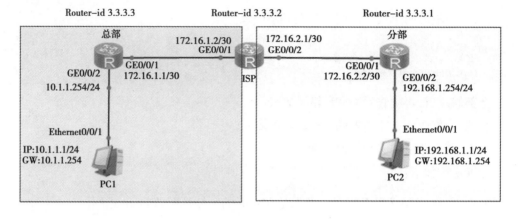

图 4-23　OSPF 区域划分

1）准备工作

①路由器命名为"姓名全拼-设备名"。

②完成路由器和 PC 的基础 IP 地址配置。

③使用"undo info-center enable"命令暂时关闭路由器消息。

2）配置思路

①路由器上分别启用 OSPF 协议。

②总部路由器，创建区域 0，所有接口均在区域 0。

③中间路由器，创建两个区域 0 和 10。G0/0/1 加入区域 0，G0/0/2 加入区域 10。

思考

配合 Router ID 建立的 LoopBack 口应该加入哪个区域？

答案：

④分部路由器，创建区域 10，所有接口均在区域 10。

（2）实训步骤

1）总部路由器配置参考

```
sys
sysname BGZY-RT1
interface g0/0/1
ip address 172.16.1.1 30
ospf network-type p2p
interface g0/0/2
ip address 10.1.1.254 24
interface loopback 1
ip address 3.3.3.3 32
```

```
ospf 1 router-id 3.3.3.3
bandwidth-reference 10000
silent-interface g0/0/2
  area 0
    network 172.16.1.0   0.0.0.3
    network 10.1.1.0   0.0.0.255
    network 3.3.3.3   0.0.0.0
```

2）中间的路由器配置参考

```
sys
sysn BGZY-RT2
int g0/0/1
  ip add 172.16.1.2 30
  ospf network-type p2p
int g0/0/2
  ip add 172.16.2.1 30
  ospf network-type p2p
interface loopback 1
  ip address 3.3.3.2 32
ospf 1 router-id 3.3.3.2
  bandwidth-reference 10000
  area 0
    network 172.16.1.0   0.0.0.3
    network 3.3.3.2   0.0.0.0
  area 10
    network 172.16.2.0   0.0.0.3
```

3）分部路由器配置参考

```
sys
sysn BGZY-RT3
int g0/0/1
  ip add 172.16.2.2 30
int g0/0/2
  ip add 192.168.1.254 24
interface loopback 1
  ip address 3.3.3.1 32
```

```
ospf 1 router-id 3.3.3.1
    bandwidth-reference 10000
    silent-interface g0/0/2
    area 10
int g0/0/1
    ospf enable 1 area 10
    ospf network-type p2p
int g0/0/2
    ospf enable 1 area 10
interface loopback 1
    ospf enable 1 area 10
```

4）查看并填写配置结果

display ip routing   //查看路由表

---

display ospf peer   //查看 OSPF 的邻居

---

display ospf lsdb   //查看 OSPF 的链路状态数据库信息

工作环节5
配置基础网络安全 ....◎

5.1　工作要求

网络必须要保证安全性、可靠性等,因此在基础网络规划与实施过程中,需要控制网络中数据的转发。例如,禁止非法数据流、限制网络带宽使用等,以此提高网络安全性。访问控制列表(ACL)是一种基于包过滤的访问控制技术,它可以根据设定的条件对接口上的数据包进行过滤,允许其通过或丢弃。访问控制列表被广泛地应用于路由器和三层交换机,借助访问控制列表,可以有效地控制用户对网络的访问,从而最大程度地保障网络安全。

本环节中要求通过配置访问控制列表,按照公司规定和网络安全要求对用户数据访问进行限制。要求公司有一台流媒体服务器192.168.90.10/24,不允许财务部和项目管理部的计算机在工作时间访问,其他时间段和其他用户均不受限制。合理规划访问控制列表,并在 ENSP 模拟器中配置和验证。

5.2　学习目标

①能够根据包过滤要求,正确配置访问控制列表和规则。
②能够选择合适的设备与接口来应用访问控制列表。
③能够排查因配置错误带来的网络连通性故障。
④做到设备配置规范,且符合质量标准。

5.3　工作准备

①按照设计方案和用户需求,规划在网络设备上要实施的访问控制要求。
②编制访问控制列表和详细规则。
③编制网络设备的配置脚本,并在模拟环境中进行测试。
④如果是在运行中的业务网络,准备好应急回退预案。

5.4 工作实施

（1）根据业务要求，选择访问控制列表配置位置

按照本环节的访问控制要求，在 SW1 或 SW2 上配置均可实现。如果考虑离数据源最近，推荐 SW1，如果为了减轻核心交换机的压力，则推荐 SW2。访问控制策略一般不建议配置在接入交换机上，以免过于分散，不方便维护。

思考

①如果是对员工访问互联网进行访问控制，最好在哪个设备配置访问控制列表？

答案：

②如果是为了保护服务器群的计算机，最好在哪个设备配置访问控制列表？

答案：

（2）在模拟器中完成访问控制列表配置，并进行测试

①配置周一到周五的 8：00 至 17：30 的周期时间段作为工作时间。

```
[SW1] time-range satime 8:00 to 17:30 working-day
```

②配置 ACL，匹配数据流。

```
[SW1] acl 3010
[SW1-acl-adv-3010] rule deny ip source 192.168.10.0 0.0.0.255 destination 192.168.90.10 0.0.0.0 time-range satime
[SW1-acl-adv-3010] rule deny ip source 192.168.20.0 0.0.0.255 destination 192.168.90.10 0.0.0.0 time-range satime
[SW1-acl-adv-3010] quit
```

③配置流分类，对匹配 ACL 的报文进行分类。

```
[SW1] traffic classifier c_iptv
[SW1-classifier-c_iptv] if-match acl 3010
[SW1-classifier-c_iptv] quit
```

④配置流行为，动作为拒绝报文通过。

```
[SW1] traffic behavior b_iptv
[SW1-behavior-b_iptv] deny
[SW1-behavior-b_iptv] quit
```

⑤配置流策略，将流分类与流行为关联。

```
[SW1] traffic policy p_iptv
[SW1-trafficpolicy-p_iptv] classifier c_iptv behavior b_iptv
[SW1-trafficpolicy-p_iptv] quit
```

⑥将流策略应用到 Eth-Trunk 1 接口。

```
[SW1] interface Eth-Trunk 1
[SW1-Eth-Trunk1] traffic-policy p_iptv inbound
[SW1-Eth-Trunk1] quit
```

5.5 相关知识点

5.5.1 知识点1:访问控制列表介绍

(1)ACL 概念

要增强网络安全性,网络设备需要具备控制某些访问或某些数据的能力,通过安全策略来保障非授权用户只能访问特定的网络资源。包过滤是一种被广泛使用的网络安全技术,可以对进出网络设备的数据包逐个过滤、丢弃或允许通过。实现包过滤的核心技术是通过访问控制列表(Access Control List,ACL)来实现数据识别,并决定是转发还是丢弃这些数据包。

ACL 列表中包含了匹配关系、条件和查询语句,其目的是对某种访问进行控制。也就是说,对需要转发的数据包,先获取包头信息,然后和设定的规则进行比较,根据比较的结果对数据包进行转发或者丢弃。简而言之,ACL 可以过滤网络中的流量,是控制访问的一种网络技术手段。除了包过滤防火墙功能外,由 ACL 定义的报文匹配规则,还可以被其他需要对数据进行区分的场合引用,例如,网络地址转换(Network Address Translation,NAT)和服务质量(Quality of Service,QoS)的数据分类、路由策略和过滤等。

(2)ACL 的作用

访问控制列表根据定义的规则对经过网络设备的流量进行筛选,并根据关键字确定筛选出的流量如何进行下一步操作,如图 5-1 所示。

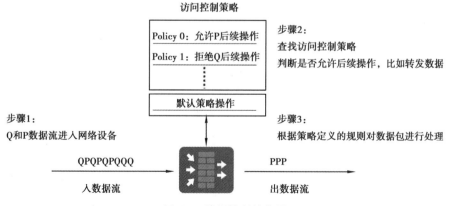

图 5-1 访问控制的作用

ACL 的作用包括:

①ACL 可以限制网络流量、提高网络性能。例如,ACL 可以根据数据包的协议,指定

数据包的优先级。

②ACL 提供对通信流量的控制手段。例如,ACL 可以限定或简化路由更新信息的长度,从而限制通过路由器某一网段的通信流量。

③ACL 是提供网络安全访问的基本手段。如 ACL 允许主机 A 访问人力资源网络,而拒绝主机 B 访问。

④ACL 可以在路由器端口处决定哪种类型的通信流量被转发或被阻塞。例如,用户可以允许 E-mail 通信流量被路由,拒绝所有的 Telnet 通信流量。

（3）ACL 的执行过程

一个端口执行哪条 ACL 规则,需要按照列表中的条件语句执行顺序来判断。如果一个数据包的报头与表中某个条件判断语句相匹配,那么后面的语句就将被忽略,不再进行检查。数据包只有在与第一个判断条件不匹配时,才会被交给 ACL 中的下一个条件判断语句进行比较。如果匹配(假设为允许发送),则不管是第一条还是最后一条语句,数据都会立即发送到目的接口。如果所有的 ACL 判断语句都检测完毕,仍没有匹配的语句出口,则该数据包将视为被拒绝而被丢弃。如图 5-2 所示,是网络设备接口收到入站数据包之后,利用 ACL 进行包过滤的工作流程。

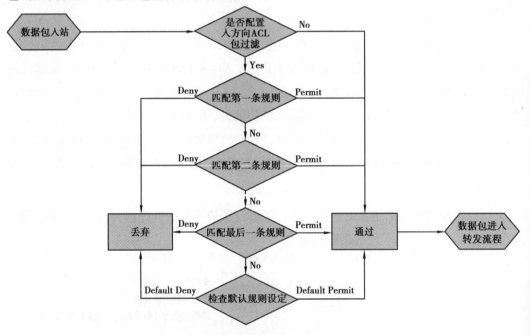

图 5-2　入站数据包过滤工作流程

这里要注意,ACL 不能对本路由器产生的数据包进行控制。

ACL 能够检查的条件包括源 IP 地址、目的 IP 地址、源端口、目的端口、协议、方向等,例如用户计算 10.1.1.10 要访问 WEB 服务器 8.8.8.8 时,ACL 能够检查和判断的主要条件如图 5-3 所示。

制定好的 ACL 可以应用于网络设备接口上,对每个接口的出入双向分别进行过滤。仅当数据包经过一个接口时,才能被此接口此方向的 ACL 过滤。

数据从Client到Server

源IP地址	源端口	目的IP地址	目的端口	协议	应用
10.1.1.10	1025	8.8.8.8	80	TCP	WEB

数据从Server到Client

源IP地址	源端口	目的IP地址	目的端口	协议	应用
8.8.8.8	80	10.1.1.10	1025	TCP	WEB

图5-3　ACL可以检查的主要内容示意

（4）ACL的分类

在本书中只学习两种常见的访问控制列表：基本访问控制列表和高级访问控制列表。对基于二层的访问控制列表和用户自定义的访问控制列表不作介绍。

基本ACL只检查数据包的源IP地址，也就是说只能根据数据包的源IP地址来制定访问规则。而高级ACL不仅能检查数据包的源地址，也能检查数据包的目的地址，还能检查数据包的特定协议类型、端口号等。

网络管理员可以使用基本ACL阻止来自某一网络的所有通信流量，或者允许来自某一特定网络的所有通信流量。

高级ACL比基本ACL提供了更广泛的访问控制能力。例如，当网络管理员希望做到诸如允许外来的Web流量通过，同时拒绝外来的FTP和Telnet流量通过时，可以使用高级ACL来达到目的。

在网络设备配置中，基本ACL和高级ACL的区别是由ACL的序号来体现的。例如，华为设备中基本ACL为2000～2999，高级ACL为3000～3999。

5.5.2　知识点2：配置访问控制列表

（1）ACL包过滤配置任务

在网络设备上利用ACL来实现包过滤防火墙功能，需要完成以下几项配置：

①根据数据包过滤需求，选择合适的网络设备和接口。

②启动设备的包过滤防火墙功能。

③根据需要选择合适的ACL分类。

④创建规则，正确设置匹配条件和动作（Permit/Deny）。

⑤在选定的设备接口上应用ACL，并指明过滤报文的方向（入站/出站）。

（2）配置基本ACL

基本访问控制列表是通过使用IP包中的源IP地址进行过滤。例如，只允许200.1.1.5的主机，拒绝其他主机，可以使用下面的ACL：

```
acl 2000
rule 0 permit 200.1.1.5 0.0.0.0
rule 5 deny any
```

其中 0 和 5 是规则号:1 个 ACL 列表中可以有若干条规则,默认为 0,5,10,15,……。

permit 和 deny 是动作:取值有 permit(允许)和 deny(拒绝)两种。当数据包与该语句的条件相匹配时,用给定的处理方式进行处理。

下面用一个更详细的例子说明基本 ACL 配置方法:

假设一个局域网连接在路由器 R1 的 E0 口,这个局域网要求只有 10.0.0.0/8、192.168.0.0/24、192.168.1.0/24 这三个网段的用户能够通过路由器访问外网。

1)配置命令

```
[R1]acl 2000
rule 0 permit 10.0.0.0 0.255.255.255
rule 5 permit 192.168.0.0 0.0.0.255
rule 10 permit 192.168.1.0 0.0.0.255
rule 15 deny any
[R1]interface e0
traffic-filter inbound acl 2000
```

2)说明

用 in 或 out 表示相对于设备入站时匹配或出站时匹配。在每个接口、每个方向上只能应用一个 ACL。

注意,如果在 eNSP 模拟器上验证练习,可以使用 AR2240 路由器。eNSP 中,通用 Router 使用的是安全域的方式来实现包过滤功能,不支持接口中的 traffic-filter 命令。同时,大家已经发现,在路由器和交换机上使用 ACL 进行包过滤的配置方式也是不一样的,交换机使用的是流量控制的方式。

(3)配置高级 ACL

高级 ACL 可以使用地址作为条件,也可以用上层协议和端口号等作为条件。定义高级 ACL 时,华为设备可以使用的序号为 3000~3999。

例如:

```
acl 3000
rule 0 permit tcp 192.168.0.0 0.0.255.255 10.1.1.1 0.0.0.0 eq 80
```

表示允许来自 192.168.0.0/16 的用户访问服务器 10.1.1.1 的 Web 站点。

高级 ACL 可以支持的匹配条件包括协议、源地址、目的地址、运算符、端口号等。协议用于匹配数据包使用的网络层或传输层协议,如 IP、TCP、UDP、ICMP 等。运算符包括 lt(小于)、gt(大于)、eq(等于)、neq(不等于)。端口号用于对应一种应用,如 21—FTP、

23—Telnet、25—SMTP、53—DNS、80—HTTP 等。"运算符 端口号"可匹配数据包的用途。如"eq 80"可匹配那些访问 Web 网站的数据包。

下面用一个更详细的例子来说明高级 ACL 配置方法：

一个局域网连接在路由器 R1 的 E0 口，这个局域网只允许 Web 流量和 Ftp 流量通过路由器访问外网，其他都拒绝。

```
[R1]acl 3001
rule 0 permit tcp any any eq 80
rule 10 permit tcp any any eq 20
rule 20 permit tcp any any eq 21
rule 30 deny tcp any any
[R1]interface e0
traffic-filter inbound acl 2000
```

在普通的局域网中，通常使用默认允许策略，只对那些可能有害的访问作出限制，或者限制用户访问某些有害的站点或服务。而如果是安全级别要求高的网络，可以使用默认拒绝策略，然后只放行允许访问的流量。

5.6　能力训练

课堂实操：配置 ACL 过滤数据

（1）实训说明

企业部署了三个网络，其中 R2 连接的是公司总部网络，R1 和 R3 分别为两个不同分支网络的设备，这三台路由器通过广域网相连。你需要控制员工使用 Telnet 和 FTP 服务的权限，R1 所在分支的员工只允许访问公司总部网络中的 Telnet 服务器，R3 所在分支的员工只允许访问 FTP 服务器。网络拓扑如图 5-4 所示。

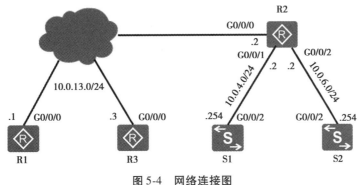

图 5-4　网络连接图

（2）实训步骤

步骤一：在 eNSP 中，创建仿真拓扑图。其中的广域网云可以用一台二层交换机代替。

步骤二：配置路由器 R1、R2、R3 的 IP 地址。

按照拓扑图中所示网络的地址进行 IP 编址的配置。

```
[R1]interface GigabitEthernet 0/0/0
[R1-GigabitEthernet0/0/0]ip address 10.0.13.1 24
```

```
[R2]interface GigabitEthernet 0/0/0
[R2-GigabitEthernet0/0/0]ip address 10.0.13.2 24
[R2-GigabitEthernet0/0/0]interface GigabitEthernet 0/0/1
[R2-GigabitEthernet0/0/1]ip address 10.0.4.2 24
[R2-GigabitEthernet0/0/1]interface GigabitEthernet 0/0/2
[R2-GigabitEthernet0/0/2]ip address 10.0.6.2 24
```

```
[R3]interface GigabitEthernet 0/0/0
[R3-GigabitEthernet0/0/0]ip address 10.0.13.3 24
```

步骤三：配置 S1 和 S2 连接路由器的端口为 Trunk 端口，并通过修改 PVID 使物理端口加入三层 VLANIF 逻辑接口。

```
[S1]vlan 4
[S1-vlan4]quit
[S1]interface vlanif 4
[S1-Vlanif4]ip address 10.0.4.254 24
[S1]interface GigabitEthernet 0/0/2
[S1-GigabitEthernet0/0/2]port link-type trunk
[S1-GigabitEthernet0/0/2]port trunk allow-pass vlan all
[S1-GigabitEthernet0/0/2]port trunk pvid vlan 4
[S1-GigabitEthernet0/0/2]quit
```

```
[S2]vlan 6
[S2-vlan6]quit
[S2]interface vlanif 6
[S2-Vlanif6]ip address 10.0.6.254 24
[S2]interface GigabitEthernet 0/0/2
```

[S2-GigabitEthernet0/0/2]port link-type trunk

[S2-GigabitEthernet0/0/2]port trunk allow-pass vlan all

[S2-GigabitEthernet0/0/2]port trunk pvid vlan 6

[S2-GigabitEthernet0/0/2]quit

步骤四:配置 OSPF 使网络互通,并进行测试。

在 R1、R2 和 R3 上配置 OSPF,三台设备均在区域 0 中,并发布各自的直连网段信息。

[R1]ospf

[R1-ospf-1]area 0

[R1-ospf-1-area-0.0.0.0]network 10.0.13.0 0.0.0.255

[R2]ospf

[R2-ospf-1]area 0

[R2-ospf-1-area-0.0.0.0]network 10.0.13.0 0.0.0.255

[R2-ospf-1-area-0.0.0.0]network 10.0.4.0 0.0.0.255

[R2-ospf-1-area-0.0.0.0]network 10.0.6.0 0.0.0.255

[R3]ospf

[R3-ospf-1]area 0

[R3-ospf-1-area-0.0.0.0]network 10.0.13.0 0.0.0.255

在 S1 和 S2 上配置缺省静态路由,指定下一跳为各自连接的路由器网关。

[S1]ip route-static 0.0.0.0 0.0.0.0 10.0.4.2

[S2]ip route-static 0.0.0.0 0.0.0.0 10.0.6.2

检测网络的连通性。

<R1>ping 10.0.4.254

　　PING 10.0.4.254: 56　data bytes, press CTRL_C to break

　　　Reply from 10.0.4.254: bytes=56 Sequence=1 ttl=253 time=2 ms

<R1>ping 10.0.6.254

　　PING 10.0.6.254: 56　data bytes, press CTRL_C to break

　　　Reply from 10.0.6.254: bytes=56 Sequence=1 ttl=253 time=10 ms

<R3>ping 10.0.4.254

　　PING 10.0.4.254: 56　data bytes, press CTRL_C to break

　　　Reply from 10.0.4.254: bytes=56 Sequence=1 ttl=253 time=10 ms

```
<R3>ping 10.0.6.254
    PING 10.0.6.254: 56    data bytes, press CTRL_C to break
    Reply from 10.0.6.254: bytes=56 Sequence=1 ttl=253 time=10 ms
```

步骤五:配置 ACL 过滤报文。

启用 S1 的 Telnet 服务,模拟总部的 Telnet 服务器。

```
[S1]telnet server enable
[S1]user-interface vty 0 4
[S1-ui-vty0-4]protocol inbound all
[S1-ui-vty0-4]authentication-mode password
[S1-ui-vty0-4]set authentication password cipher huawei123
```

启用 S2 配置的 FTP 服务,模拟总部的 FTP 服务器。

```
[S2]ftp server enable
[S2]aaa
[S2-aaa]local-user huawei password cipher huawei123
[S2-aaa]local-user huawei privilege level 3
[S2-aaa]local-user huawei service-type ftp
[S2-aaa]local-user huawei ftp-directory flash:/
```

在 R2 上配置 ACL,只允许 R1 访问 Telnet 服务器,只允许 R3 访问 FTP 服务器。

```
[R2]acl 3000
[R2-acl-adv-3000]rule 5 permit tcp source 10.0.13.1 0.0.0.0 destination 10.0.
4.254 0.0.0.0 destination-port eq 23
[R2-acl-adv-3000]rule 10 permit tcp source 10.0.13.3 0.0.0.0 destination 10.
0.6.254 0.0.0.0 destination-port range 20 21
[R2-acl-adv-3000]rule 15 permit ospf
[R2-acl-adv-3000]rule 20 deny ip source any
[R2-acl-adv-3000]quit
```

在 R2 的 G0/0/0 接口应用 ACL。

```
[R2]interface GigabitEthernet0/0/0
[R2-GigabitEthernet0/0/0]traffic-filter inbound acl 3000
```

验证 ACL 的应用结果。

```
<R1>telnet 10.0.4.254
    Press CTRL_] to quit telnet mode
```

Trying 10.0.4.254 ...

Connected to 10.0.4.254 ...

Login authentication

Password：

Info：The max number of VTY users is 5, and the number

of current VTY users on line is 1.

<S1>

注意：执行 quit 命令，可以结束 Telnet 会话。

<R1>ftp 10.0.6.254

Trying 10.0.6.254 ...

Press CTRL+K to abort

Error：Failed to connect to the remote host.

注意：FTP 连接的响应时间约为 60 秒。

<R3>telnet 10.0.4.254

Press CTRL_] to quit telnet mode

Trying 10.0.4.254 ...

Error：Can't connect to the remote host

<R3>ftp 10.0.6.254

Trying 10.0.6.254 ...

Press CTRL+K to abort

Connected to 10.0.6.254.

220 FTP service ready.

User(10.0.6.254:(none)):huawei

331 Password required for huawei.

Enter password：

230 User logged in.

[R3-ftp]

可以执行 bye 命令，关闭 FTP 连接。

工作环节6
配置网络地址转换

6.1 工作要求

目前局域网中仍然主要使用 IPv4 协议,由于 IPv4 地址数量稀缺,局域网使用的基本上都是私有网段,要想访问互联网,必须先转换为公网地址。绝大多数的局域网,都要求网络工程师在网络出口设备上配置网络地址转换,让用户可以正常访问互联网。

在本环节中完成网络地址转换配置,可使部门员工正常访问互联网。要求利用 ENSP 模拟器,配置和验证网络规划是否合理,同时编制设备配置脚本用于现场项目实施。

6.2 学习目标

①能够按照业务需求,正确配置网络地址转换。

②能够根据网络规模,选择 NAPT 或 easy IP。

③能够配置 Static NAT 或 NAT Server,对外发布内网服务器。

④能够查看设备状态和运行信息,做好 NAT 配置管理与维护。

⑤能够排查配置错误带来的网络连通性故障。

⑥做到设备配置规范,且符合质量标准。

6.3 工作准备

①按照设计方案和用户现场需求,确定允许上网的私有网段。

②确定网络地址转换的设备位置。

③编制网络设备的配置脚本,并在模拟环境中进行测试。

④如果是在运行中的业务网络,准备好应急回退预案。

6.4 工作实施

(1)根据业务要求,确定网络地址转换配置位置

①网络地址转换通常配置在(　　　　　　　　)等设备上。

②网络地址转换配置在设备的接口视图,并且通常是外网接口。

(2)确定允许上网的私有网段

①业务网段、设备管理网段、互连网段中,哪类网段应该允许访问公网?

答案:＿＿＿＿＿＿＿＿＿＿＿＿＿＿＿＿＿＿＿＿＿＿＿＿＿＿＿＿＿

②限制特定的业务网段不能访问公网,可以采用的方法通常包括哪些?

答案:＿＿＿＿＿＿＿＿＿＿＿＿＿＿＿＿＿＿＿＿＿＿＿＿＿＿＿＿＿

(3)在模拟器中完成网络地址转换配置并测试

①创建访问控制列表2000,配置规则允许内网用户网段通过。

```
[R1]acl 2000    //创建 ACL,编号为 2000
[R1-acl-basic-2000]rule permit source 192.168.10.0 0.0.0.255
    //配置规则允许源 192.168.10.0/24 网段通过
[R1-acl-basic-2000]rule permit source 192.168.20.0 0.0.0.255
    //配置规则允许源 192.168.20.0/24 网段通过
[R1-acl-basic-2000]rule permit source 192.168.90.0 0.0.0.255
    //配置规则允许源 192.168.90.0/24 网段通过
[R1-acl-basic-2000]quit    //退出到全局模式
```

②在 R1 的 Gi0/0/0 接口上配置 Easy IP 方式的 NAT Outbound,调用的访问控制列表编号为2000。

```
[R1]interface GigabitEthernet 0/0/0    //进入 Gi0/0/0 接口
[R1-GigabitEthernet0/0/0]nat outbound 2000    //配置接口启用 Easy IP 方式的 NAT
[R1-GigabitEthernet0/0/0]quit    //退出
```

③在出口路由器上使用"display nat outbound"命令查看 NAT 配置。

```
[R1]display nat outbound
NAT Outbound Information:
---------------------------------------------------------------
Interface              Acl     Address-group/IP/Interface    Type
---------------------------------------------------------------
```

GigabitEthernet0/0/0	2000	16.16.16.1	easyip

Total：1

④财务部 PC 执行"ping 16.16.16.16"过程中,在出口路由器 R1 上使用"display nat session all"命令可以查看 NAT 会话信息。

```
[R1]display nat session all
  NAT Session Table Information：
  Protocol            : ICMP(1)
  SrcAddr    Vpn     : 192.168.10.254

  DestAddr   Vpn     : 16.16.16.16
  Type Code IcmpId   : 0   8    33732
  NAT-Info
    New SrcAddr      : 16.16.16.1
    New DestAddr     : ----
    New IcmpId       : 10250
……(省略部分内容)
```

6.5 相关知识点

6.5.1 知识点 1:NAT 技术介绍

(1)NAT 简介

NAT 英文全称是"Network Address Translation",中文意思是"网络地址转换",它是一个互联网工程任务组(Internet Engineering Task Force, IETF)标准,允许一个整体机构以一个或若干个公有 IP 地址出现在互联网上。顾名思义,它是一种把内部私有网络地址翻译成公有网络 IP 地址的技术。NAT 可以让那些使用私有地址的内部网络连接到互联网或其他 IP 网络上。NAT 路由器在将内部网络的数据包发送到公用网络时,在 IP 包的报头把私有地址转换成合法的 IP 地址。

什么是私有 IP 地址? IPv4 地址分为 A、B、C、D、E 5 类,除去特殊作用的 D、E 两类,剩下的 A、B、C 3 类地址是常见的 IP 地址段。在这 3 类地址中,绝大多数的 IP 地址都是公有地址,需要向国际互联网信息中心申请注册,但是在 IPv4 地址协议中预留了 3 个 IP 地址段作为私有地址。私有 IP 地址属于非注册地址,专门为组织机构内部使用。RFC1918 定义了私有 IP 地址范围:

A：10.0.0.0～10.255.255.255,即 10.0.0.0/8

B：172.16.0.0～172.31.255.255，即 172.16.0.0/12

C：192.168.0.0～192.168.255.255 ，即 192.168.0.0/16

这 3 块私有地址本身是可路由的，只是公网上的路由器不会转发这 3 块私有地址的流量。当一个公司内部配置了这些私有地址后，内部的计算机在和外网通信时，公司的边界路由会通过 NAT 或者 NAPT 技术，将内部的私有地址转换成外网 IP，外部看到的源地址是公司边界路由转换过的外网 IP 地址，这在某种意义上也增加了内部网络的安全性。NAT 技术最大的作用是节约了 IPv4 地址，缓解了 IPv4 地址资源严重不足的问题。

局域网在选取使用私有地址时，一般会按照实际需要容纳的主机数来选择私有地址段。常见的小型局域网由于容量小，一般选择 C 类的 192.168.0.0 作为地址段使用，一些大型局域网就需要使用 B 类甚至 A 类地址段作为内部网络的地址段。

大家在上网时，可以查询一下自己的手机和计算机获取到的是什么 IP 地址。如图 6-1 所示就是在某局域网中某主机使用的私有 IP 地址。

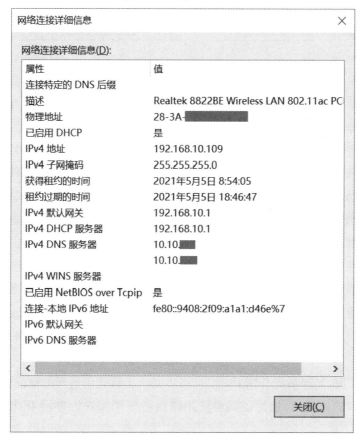

图 6-1 私有 IP 地址

（2）NAT 实现方式

NAT 的实现方式有 3 种，即静态转换 Static Nat、动态转换 Dynamic Nat 和网络地址端口转换 NAPT（或称为端口地址转换 PAT）。

1）静态转换

静态转换是指将内部网络的私有 IP 地址转换为公有 IP 地址,IP 地址对是一对一的、一成不变的,某个私有 IP 地址只转换为某个公有 IP 地址。借助静态转换,可以实现外部网络对内部网络中某些特定设备(如服务器)的访问,如图 6-2 所示。

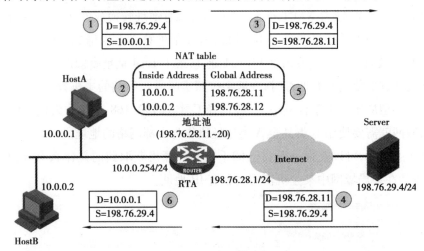

图 6-2 静态转换

2）动态转换

动态转换是指将内部网络的私有 IP 地址转换为外网 IP 地址时,IP 地址是不确定的,是随机的,所有被授权访问 Internet 的私有 IP 地址可随机转换为任何指定的合法 IP 地址。也就是说,只要指定哪些内部地址可以进行转换以及用哪些合法地址作为外部地址时,就可以进行动态转换,动态转换可以使用多个合法外部地址集。当 ISP 提供的合法 IP 地址略少于网络内部的计算机数量时,可以采用动态转换的方式。

3）网络地址端口转换

网络地址端口转换(NAPT)是指改变外出数据包的源端口并进行端口转换。采用端口转换方式,内部网络的多台主机可以共享一个合法外部 IP 地址实现对互联网的访问,从而最大限度地节约 IP 地址资源。同时,又可隐藏网络内部的所有主机,有效避免来自互联网的攻击。因此,目前网络中应用最多的就是网络地址端口转换方式,如图 6-3 所示。

使用 NAPT 时,转换后的外网 IP 地址,可以是一个预先申请好的地址池,也可以使用路由器外网接口的外网 IP 地址。如果使用路由器外网接口的外网 IP 地址,通常称为 Easy IP 方式。

局域网中的主机 X 在上网时可以通过浏览器搜索查看 NAT 转换后的外网 IP 地址,并和前面的私有 IP 地址图进行对比,如图 6-4 所示。

(3)内网服务器映射功能

在我们的生产环境中,常常出于安全考虑将服务器置于内网环境中,但同时要向外网提供各种服务功能,此时就需要用到 NAT 的内网服务器映射功能,以实现外网对内网

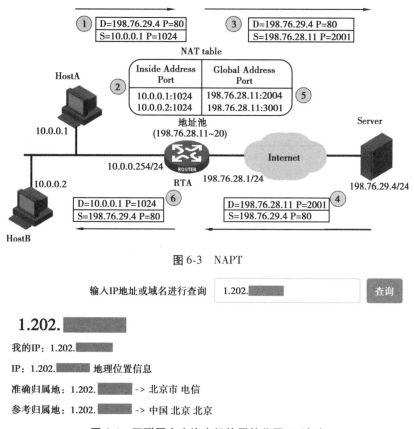

图 6-3　NAPT

输入IP地址或域名进行查询　　1.202.▓▓▓▓　　查询

1.202.▓▓▓▓

我的IP：1.202.▓▓▓

IP：1.202.▓▓▓▓ 地理位置信息

准确归属地：1.202.▓▓▓ -> 北京市 电信

参考归属地：1.202.▓▓▓ -> 中国 北京 北京

图 6-4　互联网上查询本机使用的公网 IP 地址

服务器的访问。

内网服务器映射通常使用静态转换的方法：

①把内部主机的 IP 地址一对一地映射成公网 IP 地址。

②把内部主机的 IP 地址+端口一对一地映射成公网 IP 地址+端口。

可以达到通过访问公网地址或者公网地址+端口号来访问内部服务器的目的,如图 6-5 所示。

6.5.2　知识点2：配置 NAT

组织机构通过租用运营商的专线上网时,通常有以下 3 个场景的应用。

场景一：当只有一个公网 IP 地址时,可以把内网用户的地址全部转换成外网接口的 IP 地址,使内网用户能够访问外网。如家庭网络或普通小微企业网络。

场景二：当有一个公网 IP 地址段的时候,可以把内网用户的地址全部转换成公网地址段的 IP 地址,使内网能够访问外网。如校园网络或大中型企业网络。

场景三：将内网服务器映射到公网 IP,使外网用户能够通过访问该公网 IP 来访问内网服务器的资源。如自己管理的学校网站服务器。

下面简单介绍一下网络地址转换的配置要点。

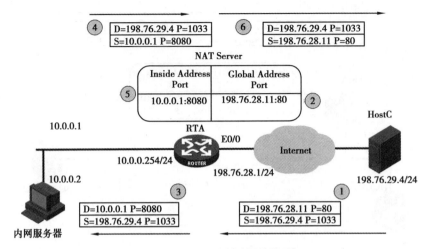

图 6-5　向外网映射内网服务器

（1）组网要求

向运营商申请了宽带接入或专线接入，开通接入服务，获取了公网 IP 地址或地址池。使用路由器或防火墙作网络出口。内网可能有若干服务器，需将服务器地址（端口）映射到公网地址（端口），为外界提供服务。

（2）配置要点

①出口设备上配置 ACL，把内网需要进行 NAT 转换的流量匹配出来。

②配置公网 IP 地址池（如有）。

③在设备的外网接口中启用 NAT 地址转换。

注意：

①公网地址池的地址，不一定要跟外网口的地址在同一个网段，只要是外网分配的可用 IP 地址就可以。

②公网地址的起始 IP 地址和结束 IP 地址可以不连续。

6.6　能力训练

课堂实操：创建并管理 NAT

（1）实训说明

要求在出口路由器 NAT 设备上配置网络地址转换功能，实现内网可以访问外网。拓扑图及连线参考如图 6-6 所示。

（2）配置任务

①内网的 NAT 设备和接入路由器上启用 OSPF 协议。

②出口 NAT 路由器上配置缺省路由，并在 OSPF 中做缺省路由建议。

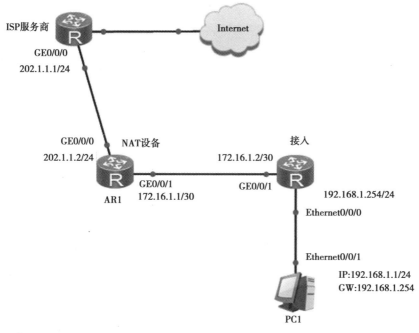

图 6-6 网络连接图

③出口 NAT 路由器上配置 NAT 地址转换。

(3)基础网络配置

1)出口 NAT 路由器

```
sys
sysname BGZY-RT1
interface g0/0/0
   ip address 202.1.1.2 24
interface g0/0/1
   ip address 172.16.1.1 30
   ospf network-type p2p
interface loopback 1
   ip address 3.3.3.1 32
ospf 1 router-id 3.3.3.1
   bandwidth-reference 10000
   area 0
      network 172.16.1.0   0.0.0.3
      network 3.3.3.1   0.0.0.0
```

2）接入路由器

```
sys
sysn BGZY-RT2
int g0/0/1
    ip add 172.16.1.2 30
    ospf network-type p2p
int e0/0/0
    ip add 192.168.1.254 24
interface loopback 1
    ip address 3.3.3.2 32
ospf 1 router-id 3.3.3.2
    bandwidth-reference 10000
    silent-interface e0/0/0
    area 0
        network 172.16.1.0    0.0.0.3
        network 192.168.1.0    0.0.0.255
        network 3.3.3.2    0.0.0.0
```

3）ISP 路由器

配置 IP 地址即可，不需要其他配置。请读者补充相应的命令：

4）缺省路由配置

首先在出口 NAT 路由器上配置静态路由。

```
ip route-static    0.0.0.0    0.0.0.0    202.1.1.1
```

然后在出口 NAT 路由器的 OSPF 中做缺省路由建议。

```
ospf
default-route-advertise always
```

此时在接入路由器上查看路由表，是否自动添加了一条缺省路由。如有，请写在下面。

_____。

（4）出口 NAT 路由器做 NAT 配置

1）配置 ACL，匹配允许访问外网的内网网段

```
acl number 2000
rule 10 permit source 192.168.1.0 0.0.0.255
```

2）配置公网地址池

> nat address-group 1 202.1.1.3 202.1.1.10

3）在连接外网的出接口上启用 NAT 转换

> interface Serial0/0/0
>
> nat outbound 2000 address-group 1

注：如果不使用 address-group 参数，则是 easy ip 的 NAT 模式。

（5）检查结果

配置完成后，内网计算机可以连通外网。在 PC1 上使用 ping 命令测试到 ISP 服务商路由器的连通性，并在出口路由器上查看 NAT 转换信息。

 思考

如果不做 NAT 地址转换，内部网络的 PC1 能连通 ISP 服务商路由器吗？在 ISP 服务商的路由器上会有到 PC1 网段的路由吗？

答案：_____

工作环节7
综合实训提升

综合实训的目的,是通过一个接近实际场景的网络项目,根据本书学到的知识,搭建一个实用的网络架构,其主要内容包括:具体业务部门物理空间分析;局域网网络设计;接入层网络设计;发布本地服务到 Internet;具体实施(以 eNSP 模拟真实环境)和测试。

7.1 项目背景介绍

学生毕业后就职于一家中资企业的网络部,随着经验积累,逐渐晋升为网络架构师。今年初,随着公司运营规模的不断扩大,办公室租赁面积也随之扩张。在一次公司会议中,领导层决定在目前办公楼层的基础上,增加新的一层楼,并要求网络部门对新楼层的网络进行设计,保证新办公区网络通畅,并能够访问外部资源。

7.2 项目任务

7.2.1 任务 1:需求分析

如图 7-1 所示是新办公区的物理区域图,请根据如表 7-1 所示的需求来计算总体网口数量,共计需要多少个网口?

表 7-1 网口需求

区域名称	网口需求	区域数量	网口数量统计
展示中心	每个座位一个网口	1	( )
前台	计划 4 个网口	1	( )
会议室	大会议室 4 网口,小会议室 2 网口	4	( )
办公区	每个座位一个网口	4	( )
经理室	每个座位一个网口	2	( )
访客区	共计需要 2 个网口	1	( )
储藏室	不需要网口	1	( )

图 7-1　新楼层物理区域图

7.2.2　任务 2:网络设计

如下是计划新购入的路由交换设备列表:

接入层交换机:华为 S3700(24 口,100MB)

汇聚层交换机:华为 S5700(24 口,1000MB)

注意:在目前的实际项目中,除非预算非常紧张,否则都建议至少使用全千兆接入交换机。

(1)计算接入层交换机数量

通常根据所有需要的网口数量,并考虑双绞线 100 m 的长度限制,再增加 20% 的冗余端口数。本项目需要的接入交换机数量至少为(　　)台。

在实际的网络设计中,交换路由的设计基础是网络端口类型和端口数量,从而确定交换机和路由器的拓扑结构以及 VLAN 设计等。可以说,所有的网络拓扑设计都来源于用户实际的使用需求与预算,并非盲目追求昂贵和先进的结构设计。

(2)规划新楼层网络的局域网拓扑图

由于最终的互联网出口在原楼层,因此设计时,新楼层不安放路由器,通过 S5700 交换机与原楼层另外一台 S5700 交换机在 1 000 MB 网口做端口汇聚,提升楼层间带宽为 3 000 MB。部署拓扑图如图 7-2 所示。

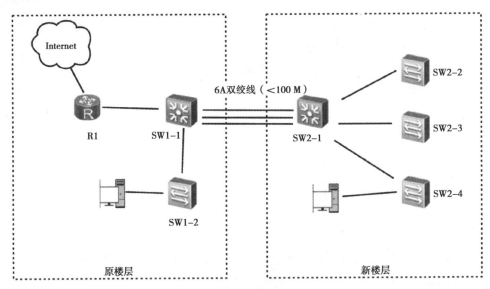

图 7-2　网络拓扑图

根据部署拓扑图,设计 eNSP 仿真拓扑图,如图 7-3 所示。为了模拟出口访问互联网,在路由器的外端连接一台 PC,作为 Internet Host(广域网主机)。

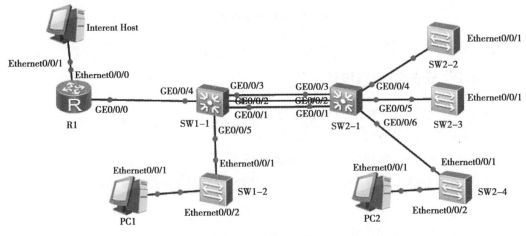

图 7-3　网络连接图

如果楼层之间距离和房间之间距离较近,也可以考虑把 3 台接入交换机直接连接到原楼层的汇聚交换机上。

不采用楼层间路由器互联的方案,即用两台路由器代替目前两台汇聚层交换机(SW1-1 和 SW2-2)。因为路由器是低速设备,会导致楼层间用户访问速率降低。

7.2.3　任务 3:配置及测试

(1)规划 VLAN 信息

VLAN2,10.0.2.0/24 主要包含路由器、汇聚层交换机 S5700 和两台接入交换机 S3700 之间的互联端口。

VLAN3,192.168.3.0/24 原办公楼层 VLAN 网段。

VLAN4,192.168.4.0/24 新办公楼层 VLAN 网段。

配置参数如表7-2所示。

表 7-2 配置参数表

设备名称	接口	接口分类	VLAN ID	IP 地址(opt)
SW1-1	GE0/0/4	Access	VlAN 2	
	GE0/0/1-3	Trunk		
	GE0/0/5	Access	VlAN 2	
	VLANIF2	VLAN 网关	VLAN 2	10.0.2.1/24
SW1-2	E0/0/1	Access	VLAN 2	
	E0/0/2	Access	VLAN 3	
	VLANIF2	VLAN 网关	VLAN 2	10.0.2.2/24
	VLANIF3	VLAN 网关	VLAN 3	192.168.3.1/24
SW2-1	GE0/0/4	Access	VLAN 4	
	GE0/0/5	Access	VLAN 4	
	GE0/0/6	Access	VLAN 4	
	VLANIF2	VLAN 网关	VLAN 2	10.0.2.3/24
SW2-4	E0/0/1	Access	VLAN 2	
	E0/0/2	Access	VLAN 4	
	VLANIF2		VLAN 2	10.0.2.4/24
	VLANIF4	VLAN IP	VLAN 4	192.168.4.1/24
PC1	E0/0/1	N/A	VLAN 3	192.168.3.2/24
PC2	E0/0/1	N/A	VLAN 4	192.168.4.2/24
Internet Host	E0/0/1	N/A	N/A	10.0.3.2
R1	E0/0/1	Access	N/A	10.0.3.1
	G0/0/0	Access	VLAN 2	10.0.2.5/24

(2)具体操作步骤

1)配置 SW1-2 VLAN 和路由

启动 S3700,然后进入 cli 命令行界面,并修改名称为 SW1-2。

```
<Huawei>system-view
Enter system view, return user view with Ctrl+Z.
[Huawei]sysname SW1-2
```

创建所有必要的 VLAN。

```
[SW1-2]vlan batch 2 3
Info: This operation may take a few seconds. Please wait for a moment...done.
```

依次进入端口,并配置端口类型和 VLAN。

```
[SW1-2]int e0/0/2 #把和 PC1 相连的端口,分配给 VLAN3
[SW1-2-Ethernet0/0/2]
[SW1-2-Ethernet0/0/2]port link-type access
[SW1-2-Ethernet0/0/2]port default vlan 3
[SW1-2]int e0/0/1 #把和 SW1-1 相连的端口,分配给 VLAN2
[SW1-2-Ethernet0/0/1]port link-type access
[SW1-2-Ethernet0/0/1]port default vlan 2
```

配置 VLAN 对应的 IP。

```
[SW1-2-Ethernet0/0/1]int vlan 3
#设置 VLAN3 的网关为 192.168.3.1,也是 PC1 的网关。
[SW1-2-Vlanif3]ip add 192.168.3.1 24
[SW1-2-Vlanif3]int vlan 2
#设置 VLAN2 在 SW1-2 上的虚拟端口 IP。
[SW1-2-Vlanif2]ip add 10.0.2.2 24
[S3700-1-Vlanif5]q
```

配置静态路由(到 SW1-2 端口的任何访问,下一跳都是 SW1-1)。

```
[SW1-2]ip route-static 0.0.0.0 0.0.0.0 10.0.2.1
```

检查静态路由项,确保配置正确。

```
[SW1-2]disp ip routing-table
Route Flags: R - relay, D - download to fib
------------------------------------------------------------
Routing Tables: Public
        Destinations : 7        Routes : 7
```

Destination/Mask	Proto	Pre	Cost	Flags	NextHop	Interface
0.0.0.0/0	Static	60	0	RD	10.0.2.1	Vlanif2
10.0.2.0/24	Direct	0	0	D	10.0.2.2	Vlanif2
10.0.2.2/32	Direct	0	0	D	127.0.0.1	Vlanif2
127.0.0.0/8	Direct	0	0	D	127.0.0.1	InLoopBack0
127.0.0.1/32	Direct	0	0	D	127.0.0.1	InLoopBack0
192.168.3.0/24	Direct	0	0	D	192.168.3.1	Vlanif3
192.168.3.1/32	Direct	0	0	D	127.0.0.1	Vlanif3

2）配置 SW2-4 的 VLAN 和路由（如有时间,可完成 SW2-2、SW2-3 配置）

启动 S3700,然后进入 cli 命令行界面,并修改名称为 SW2-4。

```
<Huawei>system-view
Enter system view, return user view with Ctrl+Z.
[Huawei]sysname SW2-4
```

创建所有必要的 VLAN。

```
[SW2-4]vlan batch 2 4
Info：This operation may take a few seconds. Please wait for a moment... done.
```

依次进入端口,并配置端口类型和 VLAN 编号。

```
[SW2-4]int e0/0/2 #把和 PC2 相连的端口,分配给 VLAN4
[SW2-4-Ethernet0/0/2]
[SW2-4-Ethernet0/0/2]port link-type access
[SW2-4-Ethernet0/0/2]port default vlan 4
[SW2-4-Ethernet0/0/2]int e0/0/1 #把和 SW2-1 相连的端口,分配给 VLAN2
[SW2-4-Ethernet0/0/1]port link-type access
[SW2-4-Ethernet0/0/1]port default vlan 2
```

配置 VLAN 对应的 IP。

```
[SW2-4-Ethernet0/0/1]int vlan 4
#设置 VLAN4 的网关为 192.168.4.1,也是 PC2 的网关
[SW2-4-Vlanif4]ip add 192.168.4.1 24
[SW2-4-Vlanif4]int vlan 2
#设置 VLAN2 在 SW2-4 上的虚拟端口 IP
[SW2-4-Vlanif2]ip add 10.0.2.4 24
[SW2-4-Vlanif2]q
```

配置静态路由（到 SW2-4 端口的任何访问,下一跳都是 SW2-1）。

```
[SW2-4]ip route-static 0.0.0.0 0.0.0.0 10.0.2.3
#确认路由项配置正确
[SW2-4]disp ip routing-table
Route Flags：R - relay, D - download to fib
------------------------------------------------------------
Routing Tables：Public
        Destinations : 7        Routes : 7
```

Destination/Mask	Proto	Pre	Cost	Flags	NextHop	Interface
0.0.0.0/0	Static	60	0	RD	10.0.2.3	Vlanif2
10.0.2.0/24	Direct	0	0	D	10.0.2.4	Vlanif2
10.0.2.4/32	Direct	0	0	D	127.0.0.1	Vlanif2
127.0.0.0/8	Direct	0	0	D	127.0.0.1	InLoopBack0
127.0.0.1/32	Direct	0	0	D	127.0.0.1	InLoopBack0
192.168.4.0/24	Direct	0	0	D	192.168.4.1	Vlanif4
192.168.4.1/32	Direct	0	0	D	127.0.0.1	Vlanif4

3）配置 SW1-1 的 VLAN 和路由

启动 S5700,然后进入 cli 命令行界面,并修改名称为 SW1-1。

```
<Huawei>system-view
Enter system view, return user view with Ctrl+Z.
[Huawei] undo info-center enable #关闭信息提示
Info：Information center is disabled.
[Huawei]sysname SW1-1
[SW1-1]
```

创建所有必要的 VLAN,并配置端口和 IP。

```
[SW1-1]vlan 2
[SW1-1-vlan2]int vlan 2
#设置 SW1-1 上 VLAN2 的 IP 地址
[SW1-1-Vlanif2]ip add 10.0.2.1 24
#将和路由器 R1 相连的端口分配给 VLAN2
[SW1-1]int GigabitEthernet 0/0/4
[SW1-1-GigabitEthernet0/0/4]port link-type access
[SW1-1-GigabitEthernet0/0/4]port default vlan 2
#将和交换机 SW1-2 相连的端口分配给 VLAN2
[SW1-1]int GigabitEthernet 0/0/5
[SW1-1-GigabitEthernet0/0/5]port link-type access
[SW1-1-GigabitEthernet0/0/5]port default vlan 2
```

配置静态路由。汇聚层交换机 S5700 的静态路由至关重要,这些配置决定了 VLAN 之间能够互访,也决定了企业的计算机终端可以顺利地访问 Internet。

```
#对于访问 VLAN3 的请求,转发到 10.0.2.2 也就是 SW1-2 上
[SW1-1]ip route-static 192.168.3.0 255.255.255.0 10.0.2.2
```

#对于访问 VLAN4 的请求,转发到 10.0.2.4 也就是 SW2-4 上

[SW1-1] ip route-static 192.168.4.0 255.255.255.0 10.0.2.4

#对于其他上网需求,比如访问网站,转发到路由器接口上

[SW1-1]ip route-static 0.0.0.0 0.0.0.0 10.0.2.5

#检查路由表项,确认配置正确

[SW1-1]disp ip routing-table

Route Flags: R - relay, D - download to fib

Routing Tables: Public

　　　　Destinations : 7　　　　Routes : 7

Destination/Mask	Proto	Pre	Cost	Flags	NextHop	Interface
0.0.0.0/0	Static	60	0	RD	10.0.2.5	Vlanif2
10.0.2.0/24	Direct	0	0	D	10.0.2.1	Vlanif2
10.0.2.1/32	Direct	0	0	D	127.0.0.1	Vlanif2
127.0.0.0/8	Direct	0	0	D	127.0.0.1	InLoopBack0
127.0.0.1/32	Direct	0	0	D	127.0.0.1	InLoopBack0
192.168.3.0/24	Static	60	0	RD	10.0.2.2	Vlanif2
192.168.4.0/24	Static	60	0	RD	10.0.2.4	Vlanif2

4)配置 SW2-1 的 VLAN 和路由

启动 S5700,然后进入 cli 命令行界面,并修改名称为 SW2-1。

<Huawei>system-view

Enter system view, return user view with Ctrl+Z.

[Huawei]undo info-center enable

Info: Information center is disabled.

[Huawei]sysname SW2-1

[SW2-1]

创建所有必要的 VLAN,并配置端口和 IP。

[SW2-1]vlan 2

[SW2-1-vlan2]int vlan 2

#设置 SW2-1 上 VLAN2 的 IP 地址

[SW2-1-Vlanif2]ip add 10.0.2.3 24

#将和路由器 SW2-4 相连的端口分配给 VLAN2

[SW2-1]int GigabitEthernet 0/0/6

[SW2-1-GigabitEthernet0/0/6]port link-type access

[SW2-1-GigabitEthernet0/0/6]port default vlan 2

配置静态路由。

#对于访问 VLAN3 的请求,转发到 10.0.2.2 也就是 SW1-2 上

[SW2-1]ip route-static 192.168.3.0 255.255.255.0 10.0.2.2

#对于访问 VLAN4 的请求,转发到 10.0.2.4 也就是 SW2-4 上

[SW2-1]ip route-static 192.168.4.0 255.255.255.0 10.0.2.4

#对于其他上网需求,转发到路由器接口上

[SW2-1]ip route-static 0.0.0.0 0.0.0.0 10.0.2.5

#确保路由项配置正确

[SW2-1]disp ip routing-table

Route Flags: R - relay, D - download to fib

Routing Tables: Public

	Destinations : 7		Routes : 7			
Destination/Mask	Proto	Pre	Cost	Flags	NextHop	Interface
0.0.0.0/0	Static	60	0	RD	10.0.2.5	Vlanif2
10.0.2.0/24	Direct	0	0	D	10.0.2.3	Vlanif2
10.0.2.3/32	Direct	0	0	D	127.0.0.1	Vlanif2
127.0.0.0/8	Direct	0	0	D	127.0.0.1	InLoopBack0
127.0.0.1/32	Direct	0	0	D	127.0.0.1	InLoopBack0
192.168.3.0/24	Static	60	0	RD	10.0.2.2	Vlanif2
192.168.4.0/24	Static	60	0	RD	10.0.2.4	Vlanif2

5)配置 SW1-1 和 SW2-2 端口汇聚

手工进行链路聚合配置。启动 SW1-1,然后进入 CLI 命令行。

[SW1-1]interface Eth-Trunk 10

#将 SW1-1 的 G0/0/1 到 G0/0/3 三个端口加入 Eth-Trunk 10

[SW1-1-Eth-Trunk10]trunkport GigabitEthernet 0/0/1 to 0/0/3

[SW1-1-Eth-Trunk10]port link-type trunk

[SW1-1-Eth-Trunk10]port trunk allow-pass vlan all

#检查 Eth-Trunk10 的配置情况,如下为正常结果

[SW1-1-Eth-Trunk10]display eth-trunk

th-Trunk10′s state information is：

WorkingMode：NORMAL   Hash arithmetic：According to SIP-XOR-DIP

Least Active-linknumber：1   Max Bandwidth-affected-linknumber：8

Operate status：up   Number Of Up Port In Trunk：3

_____

PortName	Status	Weight
GigabitEthernet0/0/1	Up	1
GigabitEthernet0/0/2	Up	1
GigabitEthernet0/0/3	Up	1

再进入 SW2-1 的 CLI 命令行。

[SW2-1]interface Eth-Trunk 10

\#将 SW2-1 的 G0/0/1 到 G0/0/3 三个端口加入 Eth-Trunk 10

[SW2-1-Eth-Trunk10]trunkport GigabitEthernet 0/0/1 to 0/0/3

[SW2-1-Eth-Trunk10]port link-type trunk

[SW2-1-Eth-Trunk10]port trunk allow-pass vlan all

\#检查 Eth-Trunk10 的配置情况，如下为正常结果

[SW2-1-Eth-Trunk10]display eth-trunk

Eth-Trunk10′s state information is：

WorkingMode：NORMAL   Hash arithmetic：According to SIP-XOR-DIP

Least Active-linknumber：1   Max Bandwidth-affected-linknumber：8

Operate status：up   Number Of Up Port In Trunk：3

_____

PortName	Status	Weight
GigabitEthernet0/0/1	Up	1
GigabitEthernet0/0/2	Up	1
GigabitEthernet0/0/3	Up	1

6）配置完成

至此，所有的配置均已完成，可以在 PC1 的指令行进行测试，如果得到如下的结果，证明所有配置均成功执行。

PC>ipconfig

Link local IPv6 address...........：fe80::5689:98ff:fe6b:48fe

IPv6 address.....................：：：/ 128

IPv6 gateway.....................：：：

IPv4 address...................... : 192.168.3.2

Subnet mask...................... : 255.255.255.0

Gateway.......................... : 192.168.3.1

Physical address................. : 54-89-98-6B-48-FE

DNS server....................... :

PC>tracert 192.168.4.2

traceroute to 192.168.4.2, 8 hops max

（ICMP）, press Ctrl+C to stop

1　192.168.3.1　　31 ms　63 ms　31 ms

2　10.0.2.1　　47 ms　63 ms　46 ms

3　10.0.2.4　　157 ms　156 ms　141 ms

4　192.168.4.2　　171 ms　125 ms　141 ms

PC>ping 192.168.4.2

Ping 192.168.4.2: 32 data bytes, Press Ctrl_C to break

From 192.168.4.2: bytes=32 seq=1 ttl=125 time=141 ms

From 192.168.4.2: bytes=32 seq=2 ttl=125 time=203 ms

--- 192.168.4.2 ping statistics ---

2 packet(s) transmitted

2 packet(s) received

0.00% packet loss

round-trip min/avg/max = 141/172/203 ms